分析化学
実技シリーズ

機器分析編 ● 8

（公社）日本分析化学会【編】

編集委員／委員長　原口紘炁／石田英之・大谷　肇・鈴木孝治・関　宏子・平田岳史・吉村悦郎・渡會　仁

梅村知也・北川慎也・久保拓也・轟木堅一郎【著】

液体
クロマトグラフィー

共立出版

「分析化学実技シリーズ」編集委員会

分析化学実技シリーズ
刊行のことば

　このたび「分析化学実技シリーズ」を日本分析化学会編として刊行することを企画した．本シリーズは，機器分析編と応用分析編によって構成される全30巻の出版を予定している．その内容に関する編集方針は，機器分析編では個別の機器分析法についての基礎・原理・装置・分析操作・実施例に関する体系的な記述，そして応用分析編では幅広い分析対象ないしは分析試料についての総合的解析手法および実験データに関する平易な解説である．機器分析法を中心とする分析化学は現代社会において重要な役割を担っているが，一方産業界においては分析技術者の育成と分析技術の伝承・普及活動が課題となっている．そこで本シリーズでは，「わかりやすい」，「役に立つ」，「おもしろい」を編集方針として，次世代分析化学研究者・技術者の育成の一助とするとともに，他分野の研究者・技術者にも利用され，また講義や講習会のテキストとしても使用できる内容の書籍として出版することを目標にした．このような編集方針に基づく今回の出版事業の目的は，21世紀になって科学および社会における「分析化学」の役割と責任が益々大きくなりつつある現状を踏まえて，分析化学の基礎および応用にかかわる研究者・技術者集団である日本分析化学会として，さらなる学問の振興，分析技術の開発，分析技術の継承を推進することである．

　分析化学は物質に関する化学情報を得る基礎技術として発展してきた．すなわち，物質とその成分の定性分析・定量分析によって得られた物質の化学情報の蓄積として体系化された分析化学は，化学教育の基礎として重要であるために，分析化学実験とともに物質を取り扱う基本技術として大学低学年で最初に教えられることが多い．しかし，最近では多種・多様な分析機器が開発され，いわゆる「機器分析法」に基礎をおく機器分析化学ないしは計測化学が学問と

して体系化されつつある．その結果，機器分析法は理・工・農・薬・医に関連する理工系全分野の研究・技術開発の基盤技術，産業界における研究・製品・技術開発のツール，さらには製品の品質管理・安全保証の検査法として重要な役割を果たすようになっている．また，社会生活の安心・安全にかかわる環境・健康・食品などの研究，管理，検査においても，貴重な化学情報を提供する手段として大きな貢献をしている．さらには，グローバル経済の発展によって，資源，製品の商取引でも世界標準での品質保証が求められ，分析法の国際標準化が進みつつある．このように機器分析法および分析技術は科学・産業・生活・経済などあらゆる分野に浸透し，今後もその重要性は益々大きくなると考えられる．我が国では科学技術創造立国をめざす科学技術基本計画のもとに，経済の発展を支える「ものづくり」がナノテクノロジーを中心に進められている．この科学技術開発においても，その発展を支える先端的基盤技術開発が必要であるとして，現在，先端計測分析技術・機器開発事業が国家プロジェクトとして推進されている．

　本シリーズの各巻が，多くの読者を得て，日常の研究・教育・技術開発の役に立ち，さらには我が国の科学技術イノベーションにも貢献できることを願っている．

「分析化学実技シリーズ」編集委員会

まえがき

　クロマトグラフィーは，機器分析において最も重要な分離分析手法といっても過言ではない．したがって「分析化学実技シリーズ機器分析編」においても，第7巻に『ガスクロマトグラフィー』，第9巻に『イオンクロマトグラフィー』が発刊されており，クロマトグラフィーが紹介されている．そして今回，第8巻として『液体クロマトグラフィー』が加わることとなった．液体クロマトグラフィーは，原理的には液体に溶ける試料成分であればすべて分析対象とすることができる手法であり，クロマトグラフィーの中では最も汎用性の高い手法といえよう．そのため，環境，薬学，医学，生化学，材料など幅広い分野において，低分子化合物から高分子化合物，低極性化合物から高極性化合物まで，様々な特性を有する試料成分の分離に用いられている．しかしながら，適切な分析結果を得るには，液体クロマトグラフィーの基本原理の十分な理解と，実分析を行ううえでの機微を知ることが重要である．これらのことを考慮して，本書では「基礎」と「実際」の双方について述べた．なお，基本的には液体クロマトグラフィーといえばHPLC（高速液体クロマトグラフィー）のことを指す．

　Chapter 1では基礎として分離モデルやクロマトグラフィーにおける重要なパラメータについて解説を行う．また，Chapter 2ではHPLC分析を実際に行ううえで必要となる「装置」についての解説を，Chapter 3では多種多様な化学的性質を有する試料成分を分離するうえで理解が不可欠である「分離モード」について述べる．そしてChapter 4では実試料のHPLC分析を行ううえで必要となる「HPLC分析の実際」について述べる．

　上記に加えて，Appendixでは環境分析，薬品分析，生化学分析，材料分析などに関するいくつかの分析例を紹介する．もちろん紹介例は，実際のHPLC分析例の，きわめてわずかな部分である．現在は，適切なデータベース検索を

行うことで，多様な分析例を容易に見いだすことが可能である．しかし，文献に記載されている分析条件を読み解くには，HPLC の十分な理解が必要であり，その際に本書が一助となれば幸いである．

　最後に，本書の執筆の機会を与えていただいた本シリーズの編集委員の先生方に感謝申し上げるとともに，執筆にあたり多大なるご協力をいただきました共立出版編集部の皆さまに厚くお礼申し上げます．

2022 年 10 月

著　者

目　次

イラスト／いさかめぐみ

Chapter 1

クロマトグラフィーの基礎

　　クロマトグラフィーによる分離分析，および単離精製技術の進歩が，現代科学の発展に果たしてきた役割は極めて大きい．本章ではクロマトグラフィーの基礎として，その歴史と原理について簡単に触れたのち，クロマトグラフィーの基礎用語を交えて，段理論と速度論の立場からクロマトグラフィーの分離過程を解説していく．また，ピークが広がる原因について取り上げ，その問題を回避する方法について考察する．

1.1

クロマトグラフィーの歴史

クロマトグラフィーは，20世紀の初頭に，ロシアの植物学者M. Tswettが，**図1.1** に示すような器具を用いて植物色素の分離を行ったのがその始まりとされている．先を絞ったガラス管に炭酸カルシウムなどの粉末を詰め，その上端に葉から抽出した色素溶液を注ぎ入れたのち，上部から石油エーテルなどの有機溶媒を流し続けると，黄色や緑色の着色帯が出現したのである．Tswettは，それらが数種類の色素成分によるものであり，吸着力の強さの順に並んでいることに気づいた．そしてこの手法を，ギリシャ語のchroma（色）とgraphos（記録する）を意味する言葉を組み合わせてクロマトグラフィーと命名した．この分離法は，開発当時はあまり有効な方法とは認識されなかったが，1940年代になって A. Martin と R. Synge により分配クロマトグラフィーが提案され，理論体系が構築されると，その実用性が高く評価されるようになり，応用範囲も格段に広がり発展した．

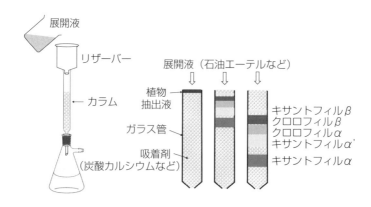

| 図1.1 | Tswett が用いた実験器具（植物色素の分離） |

Chapter 1

　表1.1にクロマトグラフィーにおけるエポックメイキング的な出来事をまとめる．なお，クロマトグラフィーとともに分離分析法として確固たる地位を築いてきた電気泳動法（electrophoresis）についても適宜示した．電気泳動法は，帯電した粒子が分散した懸濁液に外部から電圧を印加すると，正に帯電した粒子が陰極に，負に帯電した粒子が陽極に向かって移動する現象を利用した分離法である．phoresisは"運ぶ"という行為を意味する言葉であり，electrophoresisは文字通り電気で運ぶことを意味している．

　電気泳動現象が，ロシアの物理学者F. F. Reussによって報告されたのは，クロマトグラフィーの提案からさらに100年も前に遡る1807年のことである

表1.1	クロマトグラフィーの歴史[a)]	
年代	**方法**	**発明者**
1906年	吸着クロマトグラフィー	Tswett
1937年	電気泳動法	Tiselius
1938年	薄層クロマトグラフィー	Izmailov, Shraiber
1941年	分配クロマトグラフィー	Martin, Synge
1947年	イオン交換クロマトグラフィー	Mayer, Tompkins
1950年	逆相クロマトグラフィー	Howard, Martin
1952年	ガスクロマトグラフィー	James, Martin
1959年	キャピラリーガスクロマトグラフィー	Golay
1959年	ゲルろ過クロマトグラフィー	Porath, Flodin
1962年	超臨界流体クロマトグラフィー	Klesper
1969年	高速液体クロマトグラフィー	Kirkland/Huber/Horvath
1975年	サプレッサー方式のイオンクロマトグラフィー	Small
1977年	キャピラリー液体クロマトグラフィー	Ishii, Novotny
1979年	マイクロチップガスクロマトグラフィー	Terry
1981年	キャピラリー電気泳動法	Jorgenson
1992年	マイクロチップ電気泳動	Manz

a)　ペーパークロマトグラフィーはその始まりが明確でないため記載していない．なお，植物色素の抽出液にろ紙片を浸すと，ろ紙に植物色素が吸着して着色し，アルコールに変えると色素が抜け落ちる現象は，Tswett以前にもすでに多くの人に認識されていたと思われる．

が，1930年代になってA. Tiseliusがタンパク質の移動度を調べる方法として利用してから脚光を浴びるようになった．Tiseliusは，電気泳動装置を用いて血清タンパク質がアルブミン，α-，β-，γ-グロブリンで構成されていることを発見し，1948年にノーベル化学賞を受賞している．

一方，クロマトグラフィーが見直されるようになったのも1930年代であり，R. Kuhnら生化学者によってカロテノイドなどの天然色素の分離に有効であることが示されてからである．Kuhnは1938年にカロテノイドとビタミンの研究でノーベル化学賞を受賞することになる．その後，MartinとSyngeによる分配クロマトグラフィーの提案と，それに続くろ紙を担体に用いた二次元ペーパークロマトグラフィーによるアミノ酸の分離によって，クロマトグラフィーの重要性が決定的なものとなった．なお，この分配・ペーパークロマトグラフィーを駆使して，F. Sangerはインシュリンの全アミノ酸配列決定に成功し1958年にノーベル化学賞を受賞している．また，Sangerはキャピラリー電気泳動を利用した核酸の塩基配列決定法により1980年に2度目のノーベル化学賞を受賞している．

この表1.1には，Chapter 3で取り上げるイオン交換や逆相モードのカラム，サイズ排除カラムに関する歴史的なターニングポイントとなった年代も示されているが，より重要なのは，1960年代に進められた高速液体クロマトグラフィーの開発にあると言えよう．クロマトグラフィーの理論が体系化されつつあったこの時期に，J. C. Giddingsは「ガスクロマトグラフィー（GC）と液体クロマトグラフィー（LC）の分離能に関する理論的限界の比較」と題する論文を執筆し，LCの可能性について言及する．その当時までの一般的なLCでは，大きな粒子をカラムに詰め，自然落下により移動相を流していたが，Giddingsは小さな粒子を使用し圧力をかけて移動相を流すことができれば，LCの性能を飛躍的に改善できると予測する．そしてC. Horvathらによって最初の高圧液体クロマトグラフが構築されると，その優れた性能が実験的にも証明されることとなった．

当初のポンプの能力は数MPa程度であったが，1970年代に入ると10 MPaを超える圧力で送液可能な高性能ポンプが完成した．また，時を同じくしてJ. J. Kirklandによって表面多孔性の充填剤や化学結合型固定相が開発され，LC

はGCと肩を並べる高性能な分離分析法へと進化した．なお，移動相をポンプなどで加圧してカラムに送液することにより，短時間で高性能な分離を行えるようにしたLCを高速液体クロマトグラフィー（high performance liquid chromatography：HPLC）という．今では液体クロマトグラフィーといえばHPLCのことを指す場合が多く，本書のタイトルにある液体クロマトグラフィーも基本的にはHPLCのことを指している．現在は充填剤の微粒子化がさらに進み，また100 MPaでの送液が可能な耐圧装置も市販されるようになり，分離のさらなる高速化が進んでおり，超高速液体クロマトグラフィー（ultra high performance liquid chromatography：UHPLC）という新たな名称も生まれている．

1.2

クロマトグラフィーの定義と原理

　クロマトグラフィーは，固定相とそれに接して流れる移動相との間に形成される平衡の場に少量の試料を注入し，その両相に対する相互作用の違いを利用して，試料中に含まれる複数種の成分を分離する方法である．Tswettの実験において，展開液として用いた石油エーテルが移動相であり，炭酸カルシウムなどの吸着剤が固定相に相当する．吸着剤が充填された円筒状の管は**カラム**（column）と呼ばれる．

　図 1.2 に，この分離の原理を表した模式図を示す．一定の速さで流れる川の各所には岩が点在している．この川の上流のある地点から，試料成分を模した4匹の子犬が一斉に川遊びを始めたとする．子犬は水流に乗って下流へと運ばれていくわけだが，岩には遊具が設置してあり，子犬は岩に上陸して遊具で遊ぶことができるとしよう．すると，遊具が好きな子犬は岩に上陸し，遊具に興味のない子犬は川の流れに乗って速やかにゴール地点に達することになる．す

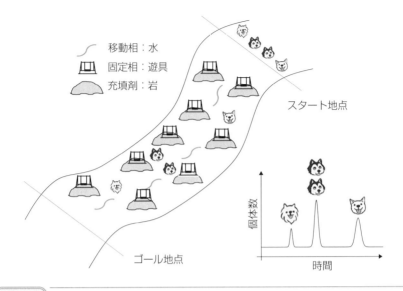

移動相：水
固定相：遊具
充填剤：岩

スタート地点

ゴール地点

個体数

時間

図1.2 クロマトグラフィーにおける分離の模式図

なわち，岩に上陸していた時間によって，ゴール地点に到達する時間が異なってくる．この例では，遊具で遊びたいという程度の差を利用して子犬を犬種ごとに分離したわけである．ここで1点だけ注意すべきルールがある．それは子犬たちは"犬かき"をしてはならないことである．前に進む推進力は水流のみであり，子犬たちは水流より早く進むことはできない．

　子犬が川遊びを開始してからの時間経過を横軸に取り，ゴール地点で計測した子犬の数を連続的にプロットすると，**図1.2**の右に示すようなグラフが得られる．これはクロマトグラム（chromatogram）と呼ばれ，ピークの位置と強度から犬種と数が求まる．なお，クロマトグラフィーは，このように一定の距離を進むのに要した時間の違いで物質を判別する方法と，**図1.1**の右図のように，一定の時間内に進んだ距離の違いで判別する方法がある．

　図1.2の川遊びを実施する施設，すなわち分離を行う装置はクロマトグラフ（chromatograph）と呼ばれる．なお，クロマトグラフィーは分離分析法として分類されるが，成分相互の分離を確認する検出法も分離法と同様に重要な要素である．それゆえ，機器分析法としてのクロマトグラフィーは，分離された

成分を検出する操作までを含んだものとして定義されている.

1.3

クロマトグラフィーの分類

　クロマトグラフィーは様々な基準に基づいて分類される.ここでは移動相の状態と固定相支持体の形状に基づく分類を示す(**表 1.2**).分離(保持)機構や分離モードに基づく分類は Chapter 3 で詳しく解説する.

　まず,移動相の状態に関して,移動相はその流れに乗せて試料をカラムに運ぶ役割を担っており流動性が不可欠である.そのため液体か気体が一般に用いられる.移動相が液体のものが本書で取り上げる液体クロマトグラフィー(LC)である.移動相が気体のものはガスクロマトグラフィー(GC),また,液体と気体の特徴を併せもつ超臨界流体を移動相として用いる場合は超臨界流体クロマトグラフィー(SFC)と呼ばれる.なお,固定相が固体か液体かに

表 1.2　クロマトグラフィーの分類

分類基準	クロマトグラフィー
移動相の状態	ガスクロマトグラフィー(gas chromatography:GC) 　気-固クロマトグラフィー(gas-solid chromatography:GSC) 　気-液クロマトグラフィー(gas-liquid chromatography:GLC) 液体クロマトグラフィー(liquid chromatography:LC) 　液-固クロマトグラフィー(liquid-solid chromatography:LSC) 　液-液クロマトグラフィー(liquid-liquid chromatography:LLC) 超臨界流体クロマトグラフィー(supercritical fluid chromatography:SFC)
固定相支持体の形状	カラムクロマトグラフィー(column chromatography) 平面クロマトグラフィー(planer chromatography) 　ペーパークロマトグラフィー(paper chromatography) 　薄層クロマトグラフィー(thin-layer chromatography:TLC)

よって，GC はさらに GSC と GLC に，LC は LSC と LLC に分類できる．液体の固定相というのはイメージしにくいが，実は汎用されており，充填剤の表面に長鎖アルキル鎖（例えばオクタデシル基）が結合した固定相は液体の典型的な例である．

固定相支持体の形状では，**カラムクロマトグラフィー**と**平面クロマトグラフィー**に分類される．**図 1.1** に示すような円筒状のカラム内で分離を行うクロマトグラフィーがカラムクロマトグラフィーである．GC と SFC はすべてカラムクロマトグラフィーといえる．一方，LC ではガラスなどの平板にシリカゲル等の微粒子を薄く塗布して調製した薄層板で分離を行うことがある．これを薄層クロマトグラフィー（thin layer chromatography：TLC）という．また，薄層板の代わりにろ紙を用いるクロマトグラフィーをペーパークロマトグラフィーという．これらは分離場の形状がシート状であることから平面クロマトグラフィーと呼ばれている．

 平面クロマトグラフィーの概念図

　本書では，平面クロマトグラフィーをほとんど取り上げないが，有機合成や生化学の分野では汎用されているので，ここにその概念と操作法，特徴をまとめておく．まず，試料溶液をプレートの下端から一定の距離のところに小さなスポットとして添加（点着）する．その後，このプレートの下端を展開槽中の溶媒に浸すと，毛細管現象により溶媒が上昇しはじめ，その際に試料成分も一緒に運ばれていく．平面クロマトグラフィーでは，次式のように移動距離の比によって成分の違いを判定する．

$$R_f = \frac{\text{基準線から移動したスポットの中心までの距離}}{\text{基準線から溶媒先端までの距離}} = \frac{b}{a}$$

　平面クロマトグラフィーの魅力は，何といっても薄層プレート 1 枚で同時に複数の試料の分析ができることである．また，1 種類の展開条件では分離が不十分な場合，異なった溶媒を用いて二次元で展開させる二次元分離を簡便に行えることもメリットとして挙げられる．二次元分離では，四角い薄層プレートのコーナーの 1 点に試料をスポットし，第 1 の展開溶媒で展開，乾燥後，第 2 の展開溶媒で直角方向に展開する．

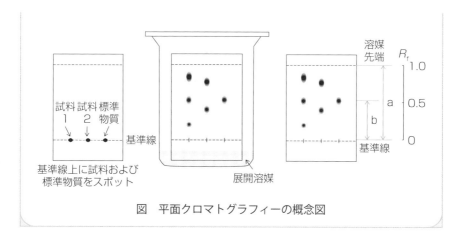

図　平面クロマトグラフィーの概念図

1.4

クロマトグラフィーの理論

1.4.1

段理論

　段理論は，クロマトグラフィーでの分離の様子を直感的に理解するのに有効であり，カラムの評価にも汎用されている．ここで段理論の概要についてまとめておく．段理論では，カラム内を仮想的に多数の段に分け，その各段で試料成分の分配平衡が成立すると考え，その中を順次試料成分が通過していくことにより分離がなされていくという状況を設定する．**図1.3**にカラムを輪切りにし，連続的な箱の集合体とみなしたボックスモデルの概念図を示す．左側は固定相，右側は移動相を表しており，固定相と移動相はそれぞれ微小区画（r段）に分割されている．なお，簡素化のため固定相と移動相の体積は等しいものとする．

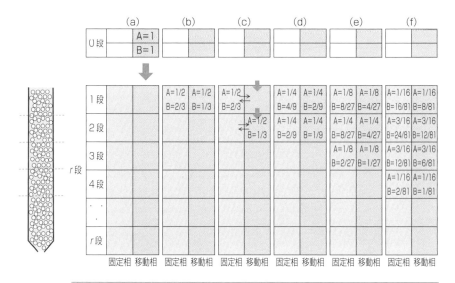

図 1.3　　カラム内での溶質（成分 A と成分 B）の分布の様子（ボックスモデル）

　図 1.3 には，輪切りにした各箱（各段）での溶質の分配の様子も示している．2 種類の試料成分（A，B）を移動相に溶解し，カラム上端に加えようとしているところが（a）である．1 段目に試料が投入されて分配が始まり，平衡に達した状況が（b）である．なお，成分 A は固定相と移動相に 1：1 の比率で，成分 B は 2：1 の比率で分配されるとし，それぞれの初濃度を便宜上 1 として計算した結果を示している．

　平衡に達したところで新たに移動相を注ぐと，各段に存在する移動相は，すべて次の段に流れ込んで一瞬停止し（図 1.3（c）の状態），その刹那に試料成分は固定相と移動相間に分配され平衡に達する（図 1.3（d）の状態）．この操作が繰り返されて分離がなされていく．この移動と分配が 4 回行われた結果が（f）であるが，たった 4 段のカラムであっても，A 成分と B 成分の分布に違いが生じているのがわかる．

　この分離の様子を，分液ロートを多数並べた多段液液抽出に例えて説明することも多いので，液液抽出モデル図も **図 1.4** に示しておく．下層が固定相液体に，上層が移動相液体に相当している．ここでは成分 A は○で，成分 B は×で表してあり，固定相と移動相に対する分配比は **図 1.3** と同じく，それぞれ 1：1

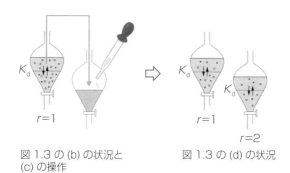

図 1.3 の (b) の状況と
(c) の操作

図 1.3 の (d) の状況

図 1.4　多段溶媒抽出モデル

上層（移動相に相当）を隣の分液ロートに移す．$r=1$ の上層には新たな移動相が添加される。

と2:1とした．**図 1.4** の左右の図は，それぞれ**図 1.3** の（b）と（d）に相当する．

1.4.2

保持時間および保持容量

　カラムクロマトグラフィーによって得られるクロマトグラムを**図 1.5** に改めて示す．横軸は試料をカラムに注入してからの時間，あるいは使用した移動相の容量であり，縦軸は試料成分が検出器を通過した際の信号強度を示している．

　試料がカラムに注入されてから各々の成分が溶出するまでの時間をそれぞれ**保持時間**（retention time）と呼び t_R で表す．t_0 はホールドアップ時間（デッドタイム，ボイドタイムといわれることも多い）といい，固定相とまったく相互作用しない成分がカラムを通り抜けるのに要する時間である．この時間は移動相がカラムを通過するのに要する時間に等しく，成分が移動相の流れの中に存在している時間（t_m）ともいえる．一方，試料成分が固定相に分配されて固定相内に留まっている時間（t_s）は，保持時間からホールドアップ時間を差し引くことで求められる．この時間を**調整保持時間**（$t_R{'}$）と呼び，試料成分が固定相に保持された正味の時間を示す．保持時間に流量 F を乗じると**保持容**

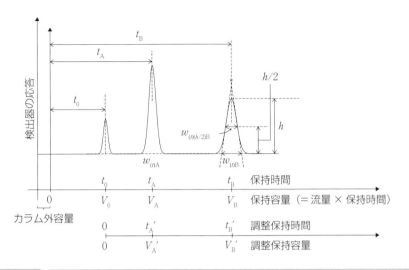

図1.5 クロマトグラムと保持値

量（retention volume, V_R）となる．保持時間は移動相の送液速度（流速）によって変わりうるが，保持容量は流速に依存しない値である．

　なお，実際のクロマトグラムには，カラムと検出器をつなぐ配管の流路など**カラム外容量**（extra column volume）が存在し，ここを通過する時間が加算されている．したがって，後述する保持係数などを厳密に計算する場合には，カラム外容量相当の時間を差し引く必要があることに注意されたい．

1.4.3

保持係数と分配係数

　保持時間は送液速度だけではなく，カラムの長さによっても変わるので，固定相の保持特性を比較するためには**保持係数** k（retention factor）を使用する．k は前述した t_s と t_m の比として定義され，溶質が固定相に保持される程度を表す．この k の値はクロマトグラムから次式により簡単に求めることができる．

$$k=\frac{t_s}{t_m}=\frac{t_R-t_0}{t_0} \tag{1.1}$$

また，保持係数 k は，平衡状態にある二液相間に分配される溶質の割合を示す**分配係数**（partition efficiency, K_d）と次式で関係づけられる.

$$k = \frac{C_s V_s}{C_m V_m} = K_d \frac{V_s}{V_m} \tag{1.2}$$

ここで，C_s，C_m はそれぞれ固定相中と移動相中の成分濃度，V_s，V_m は固定相と移動相の容積である.この式は，k の値が溶質，移動相，固定相等の性質によって定まり，カラムのサイズや装置に影響されないことを示している.

また，k，K_d は保持容量 V_R と以下の関係があるので覚えておくとよい.

$$V_R = V_m + \frac{C_s}{C_m} V_s = V_m + K_d V_s = V_m + k V_m \tag{1.3}$$

1.4.4
カラム効率

カラムの性能や分離の程度を定量的に評価する指標として，次式で定義される**段数**（plate number）[†1]N が広く用いられている.

$$N = \left(\frac{t_R}{\sigma_{(t)}} \right)^2 \tag{1.4}$$

$\sigma_{(t)}$ はガウス型のピーク形状を仮定したときの時間単位で表した標準偏差であり，ピークの形状がガウス型であればピーク幅 $w_{(t)}$ は $4\sigma_{(t)}$ に等しいので，

$$N = 16 \left(\frac{t_R}{w_{(t)}} \right)^2 \tag{1.5}$$

と表せる.なお，$w_{(t)}$ はベースライン上のピーク幅ではなく，**図1.5** に示すように，ピークの各側にある変曲点を通るように引かれた接線とベースラインとの交点から得られる幅であることに注意したい.一方，ピークの半分の高さにおけるピーク幅を半値幅といい，この半値幅の計測は容易であるため，次式を用いて段数を求めると簡便である.

$$N = 5.545 \left(\frac{t_R}{w_{(t)h/2}} \right)^2 \tag{1.6}$$

[†1] 理論段数（number of theoretical plate）と記述されることも多い.

この段数は 1.3.1 項で取り上げた**段理論**（plate theory）に基づく値であり，N の値が大きいほど分離能がよいカラムといえる．なお，理論段数 N はカラムの長さに依存するので，N の大きさだけでカラム相互の性能を比較する直接的なパラメーターとはならない．そこで，カラム相互の分離能を比較するために，**段高**（plate height）[†2] と呼ばれる H が次式のように定義された．

$$H = \frac{L}{N} \tag{1.7}$$

H はカラムの長さ（L）を段数で除した値であり，一段あたりのカラムの長さを意味する．段数とは反比例の関係にあり，小さい方がカラムは高性能といえる．

1.4.5

段高 H とピークの広がり ―速度論―

クロマトグラフィーでは，カラムに注入された試料バンドはカラムを移動していく間に種々の要因で広がっていく．**図 1.6** に試料成分のバンド幅が広がる原因をいくつか示す．初期バンド幅の広がりは，マラソン大会をイメージしていただけるとよい．最前列からスタートできる招待選手と後方からのスタートが余儀なくされる一般ランナーでは，最初からすでに差が生じている．また，広くて流れやすいルートを進む成分と，狭いルートを辿る成分でも移動度に差が生じるし，川の真ん中の方が川岸よりも流れが早いことも容易に想像できるであろう．停滞した移動相というのはイメージしにくいかもしれないが，川岸の凸凹の部分に存在する水をイメージしていただくとよい．この凹凸部の水は移動相の流れとは隔絶された孤立空間であり流れていない．そして，この空間での試料成分の動き（出入り）は成分自体の熱運動，すなわち拡散に依存している．

この他にも原因はあるが，まとめると多流路拡散（H_p），カラム軸方向の分子拡散（H_d），固定相中での物質移動に対する抵抗による拡散（H_s），および移動相中での物質移動に対する抵抗による拡散（H_m）の 4 つに分類できる．

[†2] 理論段相当高さ（height equivalent to a theoretical plate：HETP），または，段高さと記述されることも多い．

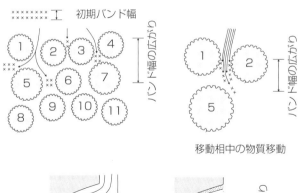

移動相中の物質移動

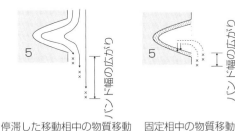

停滞した移動相中の物質移動　　固定相中の物質移動

図 1.6　カラム内で試料成分が広がる原因の例

それぞれの拡散は独立な事象のため，段高はこれらの和として表現される．

$$H=H_p+H_d+H_s+H_m \tag{1.8}$$

　この広がりの要因に関しては多くの理論的研究がなされた．Giddings は，溶質分子のランダムな移動を確率論的手法によって表現し，それぞれの因子が H にどの程度寄与するかを考察した．また，H を移動相の平均線流速 u と関係づけた速度論的な考察もなされた．なかでも H を，流速と関係しない項（A），流速に反比例する項（B/u），流速に比例する項（Cu）に分けた以下の van Deemter の式は有名である．

$$H=A+\frac{B}{u}+Cu \tag{1.9}$$

　ここで A，B，C は定数であり，それぞれ次のような物理的意味を持っている．

　A 項は**多流路拡散**（eddy　diffusion）に基づくもので，粒子充填型カラム内

において，溶質が曲がりくねった流路を通り，移動距離に違いが生じることによって引き起こされる．A項の影響は，粒径を小さくして均一に充填することによって低減することができる．

B項はカラムの長さ（移動相の流れ）方向への**分子拡散**（longitudinal diffusion）によるもので，移動相中を溶質が高濃度領域から低濃度側へ移動することにより生じる．B項は線流速が遅い場合に効いてくる項であり，特に気相中での拡散係数は大きいので，ガスクロマトグラフィーでは注意を要するが，液体クロマトグラフィーでは無視できる場合が多い．

C項は物質移動に対する抵抗に起因する拡散によるもので，溶質が2相間を移動するのに時間を要することから生じる試料ゾーンの広がりを反映している．C項の寄与を低減するためには，A項の場合と同じく粒径を小さくするのがよく，また，固定相の厚みを薄くすることも重要である．

図1.7にHとuとの関係を示す．流速が小さい領域では，B項がバンドの広がりの主原因であるが，流速が大きくなるにつれてC項の影響が支配的になることがわかる．また，$u=(B/C)^{1/2}$のときHが最小値となりカラム効率が最大となる．なお，van Deemterの式は充填カラムを用いるガスクロマトグラフィーにおいて導かれた式であり，高速液体クロマトグラフィーではHuber式やKnox式が実状に合わせて利用される．それらの詳細については専門書を参照されたい．

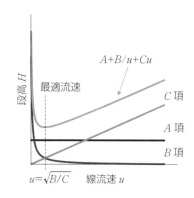

| 図1.7 | Hと移動相の平均線流速uとの関係 |

1.4.6

分離係数と分離度

2つのピークの分離の程度を評価するパラメーターとして**分離係数**（separation factor, a）と**分離度**（resolution, R_s）がよく用いられる．**図1.8**に示すような保持時間が t_A と t_B の隣接した2つのピークを考える．それぞれの保持係数を k_A, k_B, 時間単位で表したピーク幅を w_A, w_B とすると，分離係数と分離度は，次式で定義される．

$$a = \frac{k_B}{k_A} = \frac{t_B - t_0}{t_A - t_0} \tag{1.10}$$

$$R_s = \frac{t_B - t_A}{1/2(w_A + w_B)} \tag{1.11}$$

R_s はピーク幅も加味して分離の程度を評価したものである．2つの成分の保持がほぼ等しいとき，ピーク幅や段数の値もほとんど同じとみなせる．そこで，$w_A \approx w_B$ とし，N（段数）の値も2つのピークで等しいとすると，R_s は N, a, および後に溶出する成分の k_B を用いて次のように変形することができる．

$$R_s = \frac{t_B - t_A}{w_B} = \frac{\sqrt{N}}{4}\frac{t_B - t_A}{t_B} = \frac{\sqrt{N}}{4}\frac{k_B - k_A}{1 + k_B} = \frac{\sqrt{N}}{4}\frac{k_B - k_A}{k_B}\frac{k_B}{1 + k_B} = \frac{\sqrt{N}}{4}\frac{(a-1)}{a}\frac{k_B}{1 + k_B} \tag{1.12}$$

この式から，分離度は段数（N）が大きいほど，分離係数（a）が大きいほど，また分離対象の k が大きいほど大きくなる，つまり2つのピーク間の分離

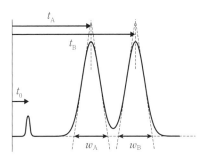

図1.8 分離度の定義

がよくなることがわかる.

1.4.7
グラジエント溶離とピーク容量

　ここまで,単一組成の移動相で溶出させるイソクラティック(アイソクラティック)溶離(isocratic　elution)を前提として話を進めてきたが,性質が大きく異なる成分相互の分離を適切な時間内で効率よく行うためには,グラジエント溶離(gradient　elution)が効果的であり,LC でも汎用されているのでここで簡単に取り上げる.

　グラジエント溶離とは,移動相の組成を変化させながら目的成分を溶出させる溶離方法である.**図1.9** にグラジエント溶離の概念図をイソクラティック溶離と比較して示す.通常は溶出力の強い溶媒の割合を徐々に増やしたり,塩濃度を上げたりしながら最適な分離条件を決定していく.グラジエント溶離は分離の改善という視点だけではなく,ピークが広がりがちな溶出の遅い成分のピーク形状が改善されピーク感度が向上することも期待できる.ただし,測定と測定の合間には,移動相を初期条件に戻して十分に平衡化を図る必要があったり,溶液の混合によって生じるベースラインの変動など注意を払うべき項目

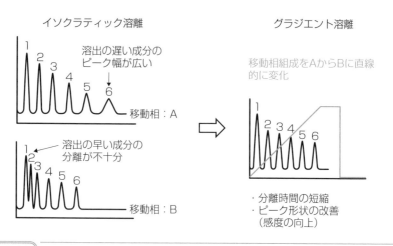

| 図1.9 | イソクラティック溶離とグラジエント溶離による分離 |

が増えることを申し添えておく.

　さて，このグラジエント溶離条件下での分離効率の評価には**ピーク容量**（peak capacity, P_C）が用いられる．ピーク容量は，1つのクロマトグラム上に収容可能な最大のピーク数を意味し，次式で示される.

$$P_C = \frac{\sqrt{N}}{4\,R_s}\,ln\left(\frac{t_n}{t_1}\right)+1 \tag{1.13}$$

t_1 と t_n はそれぞれ最初のピークと最後のピークの溶出時間である．R_s の値は概ねベースライン分離が可能とみなせる 1 を採用する場合が多い．なお，ピーク容量は実際のクロマトグラムからは次式で求められる.

$$P_C = 1 + \frac{t_g}{w_{av}} \tag{1.14}$$

t_g と w_{av} はそれぞれグラジエント時間とピーク幅の平均である．この式は，あるグラジエント時間において分離可能な理論上のピーク数を意味しており，潜在的にどの程度の分離能力を有するかを示せるため，分離システムの性能評価の指標として有用である.

参考文献

1) 大谷肇 編著：機器分析（エキスパート応用化学テキストシリーズ），pp. 149-184，講談社（2015）
2) 角田欣一・梅村知也・堀田弘樹 共著：スタンダード分析化学，pp. 241-269，丸善出版（2018）
3) 小熊幸一・酒井忠雄 編著：基礎分析化学，pp. 84-118，朝倉書店（2015）

高温にすると，移動相の粘度が低下し，溶質の拡散係数は上がる．そのため，一般的にカラム効率が向上し，分析時間も短縮される．したがって，目的物質が熱に安定であれば，高温条件で分離した方がよく，これまで高温高圧クロマトグラフィーの研究が世界中で展開されてきた．一方，日本では低温条件でクロマトグラフィーを行う個性的な研究が行われている．1つはアイスクロマトグラフィーと呼ばれる氷を固定相に用いるクロマトグラフィーである（図A）．氷表面の水素結合を利用して女性ホルモンやアミノ酸の分離を行ったり，キラルな分子を氷に閉じ込めて光学分割を試みたりするなど興味深い成果が報告されている．なお，クロマトグラフィーは，通常は成分相互の分離に利用されるが，その保持挙動からpK_aや錯生成定数などの物理定数を調べることもできる．岡田らは，アイスクロマトグラフィーを通して氷の特性を調べる研究も展開している．

　さて，もう1つの低温下で行うクロマトグラフィーは，本書の執筆者の一人である北川らが行っている（図B）．反応性の高そうな不安定な化学種でも，低温下であれば安定に保って分離できるのではないかというコンセプトのもと，二酸化炭素や窒素，メタンなど，いわゆる低温下で凝固しにくい液化ガスを移動相に用いた低温クロマトグラフィーの開発を推し進めている．液体窒素を用いたクロマトグラフィーでは$-196℃$での分離を実現し，構造異性体やアルケンの分離に関して興味深い知見を報告している．

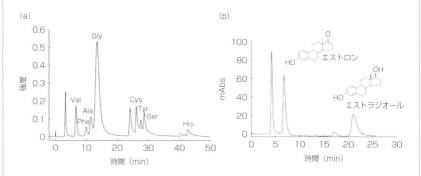

図A　氷を固定相とするアイスクロマトグラフィー
（a）アミノ酸の分離，　（b）女性ホルモンの分離

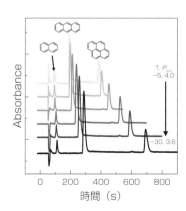

図B　液化ガスを移動相として用いる低温液体クロマトグラフィー

液体クロマトグラフィー の装置

　前章で述べたように，LC は初期には移動相の重力落下による送液を行う手法として開発されたが，その後，高圧ポンプを用いて送液を行う HPLC，UHPLC へと発展した．現在では，単に LC と述べた場合は HPLC を指す場合が多い．実際に HPLC 分析を行う際には，ポンプ，試料注入器，カラム，検出器，データ記録装置などを組み合わせた装置が必要となる．本章では，これらの構成要素について説明を行う．また，クロマトグラフィー分離における心臓部であるカラムについて，HPLC で最も汎用されている粒子充填カラムに加えて，近年利用が増えてきているモノリスカラムについても解説する．また，HPLC で利用される代表的な検出器について，その原理を簡単に説明する．

2.1

装置の基本構成

　HPLC は，移動相に液体を用いるクロマトグラフィーである．移動相には，水のような極性の高い（誘電率が大きい）物質から，ヘキサンのような極性の低い（誘電率の小さい）物質まで，多様な溶媒を用いることが可能である．したがって HPLC では，これら多様な移動相に溶解する成分であれば，原則として分析を行うことが可能となる．分離カラム（固定相）の種類も GC と比較して多様であり，様々な分離モードが開発されている（Chapter 3 を参照）．そのため，HPLC では多種多様な試料成分の分離が実現されている．

　一般的な HPLC の装置構成を図 2.1 に示した．HPLC は液体移動相，移動相をカラムに送液するためのポンプシステム，試料注入器，カラム，カラムオーブン，検出器，データ記録装置（通常は装置コントロール機能をあわせて有することが多い）からなる．カラムと検出器については，それぞれ 2.2 節，

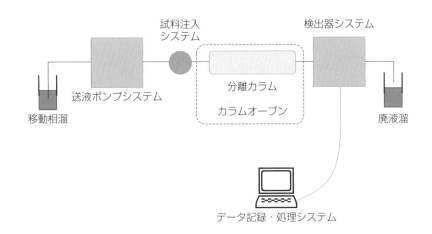

| 図 2.1 | 一般的な HPLC の構成 |

2.3節で詳細を述べるが，それ以外の構成要素の概略は以下のとおりである．

2.1.1
ポンプ

　通常のHPLCで用いられるカラムに，適切な流速で送液を行うためには，カラム入口側を高圧にする必要がある．そのため，HPLCで用いられるポンプは最大40 MPa程度の高圧送液が可能であり，また，微小粒子充填剤を用いる超高速液体クロマトグラフィー（UHPLC）では，最大100 MPa超の圧力で送液を行うことができるポンプが用いられる．イソクラティック溶離の場合は，移動相が1種類であるため，1台のポンプシステムで十分であるが，移動相組成を時間的に変更するグラジエント溶離を行う際には，専用のシステムが必要になる．

　グラジエント法はシステム的に，高圧グラジエントと低圧グラジエントの2種類に分類することができる（**図2.2**）．図2.2に示した高圧グラジエントシステムは，2台のポンプと1台のミキサーからなる．ポンプAとポンプBはそれぞれ異なった組成の移動相を送液し，2種類の移動相がミキサー内で混合

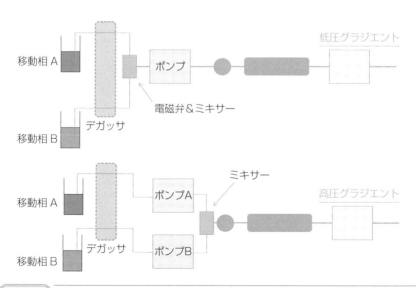

図2.2 高圧グラジエントシステムと低圧グラジエントシステムの概略

される．例えば 1 mL/min の流量での送液において，移動相 A を 60%（移動相 B を 40%）とする場合，ポンプ A は 0.6 mL/min，ポンプ B は 0.4 mL/min に設定され，両者がミキサーで混合される．一方，低圧グラジエントシステムの場合，ポンプは 1 台であるが，ポンプの前に移動相流れを On/Off できるシステム（通常は電磁弁）を有する低圧グラジエントユニットが挿入される．1 mL/min の流量での送液において，移動相 A を 60%（移動相 B を 40%）とする場合，ポンプは 1 mL/min で動作するが，混合比率は電磁弁の開閉によりコントロールされる．すなわち，電磁弁は双方とも高速開閉が繰り返されており，移動相 A の電磁弁は 60% の時間，移動相 B は 40% の時間開くことにより，60% 移動相 A－40% 移動相 B が達成される．

　高圧グラジエントの混合溶媒数は一般的には 2 種または 3 種であるが，低圧グラジエントでは 4 種溶媒の混合に対応しているユニットが一般的である．低圧グラジエントの方が安価であるが，グラジエント応答性に関しては高圧グラジエントの方が優れている．高圧送液が行われる UHPLC では，通常高圧グラジエントが用いられる．

　また，グラジエント溶出を行う場合は，移動相に溶存している気体が，混合時に問題となることが多いため，デガッサー（脱気装置）を併せて利用することが望ましい（アイソクラティック溶離でもデガッサーを利用すると安定性の低下を防ぎやすい）．

　なお，当然のことであるが，グラジエント溶離において混合される溶液は，混和性が十分に高いことが必要である．すなわち，混和しない溶媒である水とヘキサンのグラジエントは行うことができない．また，混和することにより，塩の析出などが起こる溶液を用いることもできない．

2.1.2

試料注入器

　HPLC ではカラム入口圧は高圧となるため，試料注入器にも高い耐圧性能が求められる．通常 HPLC における試料注入では**図 2.3** に示すような 6 方バルブが用いられる．6 方バルブに対してマイクロシリンジを用いてサンプルループ内に試料溶液を導入し，バルブを回転させることで，カラム内へ試料溶液の

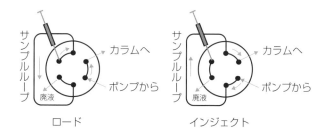

ロード　　　　　　　　　インジェクト

図 2.3　6 方バルブを用いる試料注入

導入を行う．回転部からの液漏れを防ぐために 6 方バルブではローターシール
と呼ばれる樹脂部品が用いられる．6 方バルブの締め付け圧力を高くすると，
耐圧性能は上がるがローターシールの寿命は短くなる．一連の操作を手動で行
うマニュアルインジェクタに加えて，多数の試料（分析検体）を自動で分析す
るためのオートサンプラ（オートインジェクタ）も多くのメーカーから販売さ
れている．

　オートサンプラでは，試料導入量の再現性や直線性，正確さに優れているこ
とが求められているだけではなく，試料溶液の残存量や注入に必要な最小試料
量が少ないことも重要である．また，注入試料間の汚染（キャリーオーバー）
が抑制されていることも需要である．オートサンプラの機構としては，吸引量
で試料導入量を制御する方法，一定容量のサンプルループを用いる方法が計量
方法として存在する．また，カラムへの導入方法も複数存在する．細部の構造
や機構は機種によって異なるため，利用する場合は，その構造や機構を理解し
ておくことが重要である[1]．

2.1.3
カラムオーブン

　HPLC 分離において，温度は試料の保持係数や分離性能に影響を与える重要
な因子である．カラム温度が数度変化するだけで，試料成分によっては分離が
行われない，溶出順序が逆転するなどの問題を生じさせることもある．した
がって，再現性の高い分離を得るには分離カラムの温度を一定に保つ必要があ

り，市販の HPLC 装置にはカラム温度をコントロールするためのカラムオーブンを備え付けることができる．なお，カラムオーブンには，温度コントロールだけではなく，異なるカラムを簡便に切り替えて利用するための，カラムスイッチング機能を有する製品も多い．

2.1.4
データ記録・処理

検出器で計測されたデータ（信号強度）は，過去においてはペンレコーダーなどで記録されていたが，現在の HPLC ではコンピュータに記録されることが一般的である．また，後述するフォトダイオードアレイ検出器や質量分析計のように，スペクトルを測定する検出器ではデータの記録にコンピュータは不可欠である．記録されたデータは，ソフトウエアで処理され，溶出時間やピーク面積を自動で計測することができる．また，検量線データと組み合わせることで定量も可能である．

2.2 分離カラム

クロマトグラフィー分離の心臓部はカラムであり，分離性能の向上を目指して様々なカラムが開発され，販売されている．GC では内径 0.1～0.5 mm 程度の中空キャピラリーカラムが一般的に用いられているが，分析用 HPLC では中空カラムではなく，球状微粒子を充填した，充填カラムが一般的に用いられる．内径 1～4.6 mm 程度の充填カラムが最も汎用されているが，内径 0.1 mm 程度のキャピラリーカラムも市販されている．

充填剤として，最も汎用されているのは多孔性シリカゲル粒子であるが，スチレン-ジビニルベンゼン共重合体のような合成ポリマーを基体とする充填剤

も販売されている．ポリマー系充填剤は，主としてイオンクロマトグラフィー
やサイズ排除クロマトグラフィーで用いられることが多い．充填剤の表面に
は，通常分析対象物と相互作用を行うための官能基が導入される．シリカゲル
粒子表面にオクタデシルシリル（octadecyl silyl）基を修飾した ODS 充填剤
は，HPLC で最も汎用される充填剤の 1 つであり，逆相分離の標準的な充填剤
である．HPLC で開発・実用化されている種々の分離モードについては，
Chapter 3 で述べるが，本章ではカラム自体の説明を行う．

2.2.1
充填カラム

　粒子充填カラムは HPLC で最も一般的なカラムである．HPLC の初期にお
いては，破砕型と呼ばれる，形状が不均一な微粒子充填剤が用いられたことも
あるが，現在の HPLC では，粒径の揃った球状充填剤が一般的である．分取
HPLC では粒径 10 μm 以上の充填剤が用いられることもあるが，分析用 HPLC
では，通常 5 μm 以下の充填剤が用いられる．充填剤は通常ステンレス管に充
填されるが，ステンレスに対して吸着する化合物の分析を行う際には，PEEK
（ポリエーテルエーテルケトン）管のようなポリマー管を用いることもある
（4.3.2 項参照）．充填が不均一であると，カラムの分離性能は低下する．した
がって，充填カラムを調製するための充填条件は，高い分離性能を実現するた
めの重要な要因のひとつである．また，充填剤の粒径が不均一であると，カラ
ム内構造が不均一となるため，分離性能は低下する．

　充填カラムの分離性能は，充填剤の粒径に強く依存し，粒径が小さくなるに
従い向上する．図 2.4 に，異なった大きさの充填剤を充填したカラムを用いた
際の，分離性能の指標である段高 H と移動相線流速 u の関係を示した．図 2.
4 に明らかなように，粒径が小さくなるに従って，H は小さく，分離性能が向
上していることがわかる．また，さらに重要な点として，粒子が小さくなるに
従って，van Deemter の式（Chapter 1 参照）における C 項の寄与が小さく
なることから，高流速送液を行っても分離性能が低下しないという利点があ
る．クロマトグラフィーにおいては，流速を大きくするに従い分離性能は低下
するため，高い分離性能を保ったまま高速分離を行うことは困難であるが，充

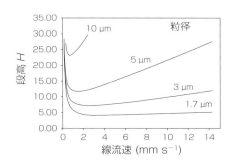

図2.4 粒径が分離性能（H-u プロットに与える影響）

【出典】Wu, T. *et al.*： *Chromatographia*, **68**, 803-806（2008）

　填剤の粒径を小さくすることで，高い分離性能を維持しつつ高速分離を行うことが可能となる．実際，粒径約 2 μm の充填剤を用いた UHPLC では，分析試料にも依存するが，HPLC の 1/10 以下の分離時間で超高速分離が達成されている．

　微小粒子充填剤の利用は，高速分離に有効であるが，送液に関しては問題を生じさせる．すなわち，粒径が小さくなると充填カラムの流路抵抗は，粒径の二乗に反比例して大きくなる．そのため，微小粒子充填カラムで高速送液を行うためには，非常に高い圧力が必要となり，高圧送液に対応したポンプやコネクタが必要となる．

　高分離能でありながら比較的低い圧力で送液が可能である充填カラムとして，コアシェル型充填剤を用いるカラムも発売されている．通常の HPLC（および UHPLC）では，全多孔性充填剤が一般的に用いられている．充填剤外（充填剤と充填剤の隙間）に存在する分析対象化合物は，移動相流れによりカラム下流へと向かう．一方，多孔性充填剤内に存在している分析対象の分子は，多抗体内部の空間が狭く流路抵抗が高いことから流速はほぼゼロとなり，移動相流れの影響を受けない．したがって，両者の速度差により試料バンドの広がりが生じる．充填剤の粒径が小さいほど分離性能が高くなるのは，充填剤内部と外部間での物質移動が速やかになるためである（**図2.5**）．そのため，全多孔性充填剤ではなく，表面近傍のみが多孔性で中心部が非多孔性である充填剤を用いると，図2.5 に示すように，粒径が大きな充填剤であっても，物質

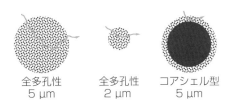

全多孔性　　　　　全多孔性　　　　コアシェル型
5 μm　　　　　　　2 μm　　　　　　5 μm

図 2.5　　全多孔性充填剤とコアシェル型充填剤

移動が速やかに行われ，高い分離性能を得ることができる．コアシェル型充填剤では，全多孔性充填剤よりも大きな粒径の充填剤であっても，高い分離性能を得ることができる．一方，上述の通りカラムの流路抵抗は粒径に依存する．そのため，コアシェル型充填剤は高い分離性能と，比較的低い流路抵抗を両立させることが可能である．なお，粒径 2 μm 程度の微小粒子であるコアシェル型充填剤も市販されている．

2.2.2
モノリスカラム

　コアシェル型充填剤を用いたカラムよりも，はるかに流路抵抗が低く，また十分な分離性能が得られるカラムとして，モノリスカラムと称されるカラムも開発・市販されている．“モノリス”とは“一枚岩（ひとかたまり）”を意味しており，実際にモノリスカラムは，ひとかたまりの二相連続多孔体構造を有する（空隙層と固相はそれぞれ連続している）．**図 2.6** に典型的なモノリスカラムの SEM 画像を示した．図に示す通り，モノリスカラムは，比較的大きな流路を有しているため，流路抵抗が小さく，高流速送液が可能である．一方で，固定相であるモノリス骨格部のサイズは数 μm 程度であり，移動相-固定相間の物質移動が速やかに行われるため，高流速送液時でも分離性能の低下が比較的小さい．そのため，モノリスカラムを用いる高速 LC 分析が実現されている．

　モノリスカラムの大きな特徴は，上述の通り流路抵抗が充填カラムに対して著しく小さいことである．HPLC で用いられる充填カラムの長さは通常 5〜数十 cm であるが，モノリスカラムでは 1 m を超えるカラムを用いることも可

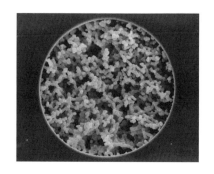

図 2.6 内径 100 μm のキャピラリー内に調製されたシリカモノリス

【出典】Ishizuka, N. *et al.*: *Anal. Chem.*, **72**, 6, 1275–1280 (2000)

能である．クロマトグラフィーの分離性能はカラム長に比例して増大する（Chapter 1 参照）．したがって，長いモノリスカラムを用いることで極めて高い段数の分離が可能となる[2]．

2.2.3
細孔径

全多孔性充填剤，コアシェル型充填剤，モノリスカラムのいずれの固定相基材においても，その表面には，メソポアと呼ばれる数〜数十 nm の細孔が存在する．一般に細孔径が小さくなるにつれて，固定相の比表面積は大きくなる．市販の充填剤では，細孔径 12 nm と 30 nm の充填剤の比表面積は，それぞれ約 300 m^2/g と約 150 m^2/g と 2 倍程度異なるものもある．4.3.2 項に示すように分析対象の大きさ（分子量）に合わせて適切な細孔径を有する固定相基材を選択する必要がある．

2.2.4
ガードカラム

分離カラムは消耗品であり，利用するに従って劣化する．標準試料の分析ではカラムの劣化は著しくないが，血液，食品，環境試料などの実試料の分析を行うと，夾雑物質の吸着によりカラムは徐々に劣化し，分離性能が低下する．

そのため，高価な分離カラムとは別に，ガードカラムと呼ばれる短いカラム（典型的には 20〜50 mm 程度）を分離カラムの前に設置し，分離カラムの劣化を防ぐことが良く行われる．ガードカラムは分離カラムよりも安価であり，夾雑物質の吸着が著しくなると交換される．ガードカラムの固定相は，分析カラムと同じ種類が用いられるが，粒形がやや大きめの充填剤が用いられることが多い．

2.3

検出器

クロマトグラフィーにおける分離はカラムで達成されるが，分離された試料成分を検出することができないと，必要なデータを得ることができない．分離カラムからの溶出液は検出器に導かれ，分析対象成分の光学的・電気的・化学的特性を利用した計測が行われる．現在では，様々な原理に基づいた HPLC用検出器（検出方法）が開発・販売されている．実際の HPLC 分析を行う際には，分析対象や分析目的に応じて適切な検出器を選択する必要がある．重要な点として，検出器の選択においては，分析対象だけではなく夾雑成分（妨害成分）の影響も考慮する必要があることが挙げられる．また，試料成分が，そのままでは検出器に応答しない場合は，適切な誘導体化処理が必要となる．

2.3.1

紫外可視吸光検出器

紫外可視吸光検出器（ultra violet-visible detector：UV-VIS）は HPLC において，最も汎用的に用いられている検出器である．紫外・可視域にある程度の吸収を持つ成分が測定対象となり，一般的には分子内に芳香環などの π 電子共役系部位を有する化合物の検出に用いられる．

図 2.7 に示すように，カラムからの溶出液はフローセル内を流れ，一方から特定の波長域の紫外・可視光を照射すると，試料成分により光の一部が吸収される．この光量の減少量を測定する．光の減少量から算出される吸光度 A はランベルト・ベール則（Lambert–Beer law）に従うため，光路長 l が一定の場合，吸光度は物質濃度 C に比例して変化する．

$$A = \varepsilon C l$$

一般的に UV 検出では，254 nm や 210 nm での検出が行われることが多いが，上式からもわかるように，高感度検出を行うためには，対象化合物のモル吸光係数（ε）が大きいことが望ましく，適切な検出波長を選択する必要がある．UV 吸収を有する化合物に限定されるが，比較的高い汎用性と比較的高い感度を有しているため，UV 検出器は最もよく利用されている．

可視光検出器は，UV 検出器と同じ原理ではあるが，UV 検出よりも選択性の高い検出器として利用されることが多い．例えば，トマト中に含まれる赤色成分であるリコピンの分析においては，可視光領域の最大吸収波長に相当する 470 nm（緑色光）の吸光度測定が有効である．トマト中には多種多様な成分が含まれるが，この波長帯での吸収を有しない成分については，共溶出していてもクロマトグラムに影響を与えず，選択性の高い検出が可能になる．

可視光領域に吸光を持たない化合物であっても，呈色反応を用いることで選択性の高い高感度検出が可能になる．アミノ酸分析においては，分離されたアミノ酸とニンヒドリンを反応させ呈色物質ルーエマンパープル（Ruhemannn's

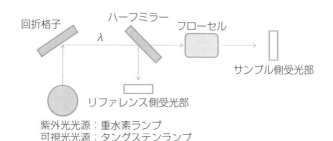

図 2.7 紫外・可視吸光検出器の概略

purple）を生成させる方法（ポストカラム誘導体化）が古くから利用されている．この方法を用いると，除タンパクなどの比較的簡単な前処理を行うだけで，実試料分析においても夾雑物の影響がほぼないクロマトグラムを得ることが可能である．

　当然のことではあるが，UV–VIS検出において移動相自体が，測定波長を吸光する場合，バックグラウンド吸収が高くなるため，目的成分を適切に検出することができなくなる．したがって，UV–VIS吸光検出器を用いる際には，利用する検出波長でのUV–VIS吸収が小さい試薬を使うことが望ましい．市販のHPLCグレードと銘打って販売されている有機溶媒は，特級・1級試薬と比較して，波長250 nm以下の吸光が少ないという特徴を有する．

2.3.2

フォトダイオードアレイ検出器

　フォトダイオードアレイ検出器（photodiode array detector：PDA）の検出原理はUV–VIS検出器と基本的に同じであり，UV–VISの吸収を測定している．通常UV–VIS検出器では，図2.7に示すように，多色光を回折格子で分光し特定の波長帯の光を選択し，これを用いて検出を行う．したがってUV–VIS検出器の受光素子は1つである．一方，PDAでは**図2.8**に示すように，多色光をフローセルに照射した後に分光を行い，複数の受光素子（フォトダイオードアレイ）で検出を行う．そのため，広い波長範囲における吸光情報を同時に得ることができる．市販のPDAでは512個や1024個の半導体素子（フォ

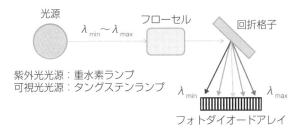

図2.8　多波長検出器の概略

トダイオード）が並んでいる．そのため，単一波長の吸光度ではなく，刻々変化するスペクトルを1秒以下の時間分解能で得ることができる．

PDA検出器を用いると，複数の試料成分を，それぞれ最も適した波長で検出することが可能になるため，夾雑物の影響を低減したうえで高感度に検出を行うことができる．さらに単一ピークのスペクトル変化を調べることで，不純物の混入（純度）を評価することも可能である．すなわち，ピークフロントとピークエンドのスペクトルが異なる場合，分離が不十分ではあるが，不純物が混入していると推測される．ただし，不純物と目的成分のスペクトルが類似の場合はスペクトル変化による純度評価は困難である．

2.3.3

蛍光検出器

蛍光検出器（fluorescence detector：FLD）では，紫外可視領域の光（励起光）を照射したときに発生する蛍光を検出する．**図2.9**に示すように，フローセルに対して励起光を照射し，その励起光と直交する方向に放射される蛍光（発光）を検出する．一般的に，UV-VIS吸光検出器と比較して，3桁程度の高感度検出が可能である．

蛍光検出器では通常励起光の波長と蛍光波長をそれぞれ設定することが可能である．様々な物質の蛍光検出を高感度に行うためには，それぞれ適した励起波長と蛍光波長を設定する必要があるため，時間により励起・蛍光波長を変化させるためのプログラム機能や，多波長同時測定機能を有する蛍光検出器も市

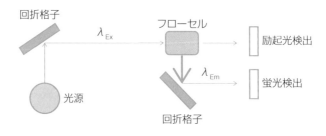

図2.9　蛍光検出器の概略

販されている.

　蛍光検出器では,蛍光を発する物質を選択的に検出することができるため,バックグラウンドノイズの少ない高感度検出が可能である.一方で,蛍光物質しか測定することができないため,蛍光物質以外の化学種の検出を行うためには,適切な試薬を用いて蛍光性官能基を導入する「蛍光誘導体化」が必要になる.蛍光誘導体化試薬は多くの種類が発売されており,例えば第一,第二アミンと反応する NBD-F(4-フルオロ-7-ニトロベンゾフラザン)は,生体試料中のアミンやアミノ酸を分析する際に用いられる.その他,チオールと反応する ABD-F(4-アミノスルホニル-7-フルオロ-2,1,3-ベンゾオキサジアゾール)や,芳香族アルデヒドと反応する 2-アミノチオフェノールなど多くの蛍光誘導体化試薬が市販されている.

2.3.4
示差屈折率検出器

　示差屈折率検出器(refractive index detector:RID)は純粋な移動相と試料成分の溶解した移動相では屈折率が異なることを利用して検出を行うため,UV-VIS 吸収のない成分でも検出を行うことができる.すなわち,HPLC で用いられる検出器としては,最も汎用性が高い万能型の検出器である.典型的な検出方法としては,**図 2.10** に示すように,試料注入器の上流に設置された移動相のみが流れるリファレンスセルと,分離カラムからの溶出液が流れる,すなわち,溶出した試料成分が溶解した移動相も流れることがあるサンプルセルが密接している.このセルには常に光が照射されており,リファレンスセルとサンプルセルを流れる溶液の屈折率が等しい場合(図2.10左)は,照射光はほぼ直進し,両セルを通過した光は検出器1と検出器2で検出される.サンプルセル内を流れる溶液の屈折率が試料成分の溶出に伴い変化すると,照射光は屈折するため,検出器1と検出器2で検出される光量のバランスが変化する(図2.10右).屈折率変化は試料成分の濃度変化に比例するため,濃度に応じた検出を行うことができる.

　RID は万能性の高い検出方法ではあるが,応答感度が低いという欠点を有する.そのため,一般的にはサイズ排除クロマトグラフィーにおける高分子の

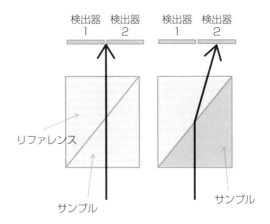

リファレンス

サンプル

サンプル

図2.10　示差屈折率検出器の概略

検出や，糖分析など高濃度で存在するがUV–VIS吸収のない成分の検出に用いられる．

　屈折率変化を測定するため，RIDは温度変化が著しいと安定な結果を得ることができない．また，時間に伴い移動相の屈折率（組成）が変化するグラジエント溶離もRID検出器を用いる場合は利用できなくなるという制限がある．

2.3.5
電気化学検出器

　電気化学検出器（electrochemical　detector：ECD）は，フローセル内に設置された電極表面での化学種の酸化・還元を検出する手法である．酸化・還元反応の度合いは化学種により異なるため，電極に印加する電位を適切に設定することで，選択性の高い検出を行うことができる．またECDは検出感度も高い．

　最も単純な測定モードでは，一定電位を測定用電極（電気化学における作用電極）に印加し，カラムから溶出された目的成分の酸化・還元に伴う電流変化を測定する方法である（**図2.11**）．電流量は試料濃度に依存するため，定量を行うことができるが，厳密には電流量は単位時間あたりに電極表面に到達する

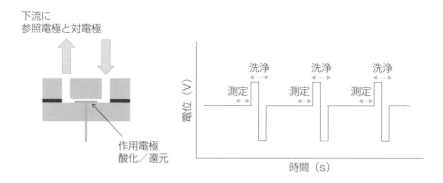

下流に
参照電極と対電極

洗浄　　　　洗浄　　　　洗浄

電位（V）

測定　　　　測定　　　　測定

作用電極
酸化／還元

時間（s）

図2.11　電気化学検出器の概略とパルスドアンペロメトリーの電圧印加方式

目的化合物量に比例する．そのため，検出感度は移動相の粘性にも依存する．

　一定電位を印可するモードは単純であるが，電極表面での反応に伴い酸化物質が電極表面に蓄積し，感度が低下するという問題を生じることもある．これを解決する方法としてパルスドアンペロメトリーというモードが開発されている．パルスドアンペロメトリーでは，図2.11に示すように測定・クリーニング（酸化・還元）を短時間で繰り返し行う．測定により生じた酸化物は電極表面に蓄積し，検出感度を低下させる．この酸化物をより高い電位で酸化除去し，その後還元電位を印加することにより，電極表面を清浄に保ち，活性の高い電極表面を維持することができる．

　ECDは電気化学的に活性である物質（酸化・還元を行う物質）であれば，原理的にすべて検出を行うことができるが，通常のHPLC-ECDで分析される対象物は，アミノ酸・糖・アミン・アルコール・アルデヒドなどが多い．

2.3.6

質量分析計

　質量分析計（mass　spectrometer：MS）とHPLCを組み合わせた，HPLC-MSは様々な分野で用いられる優れた分析装置である．特に，タンデム質量分析計（MS/MS）を用いる，HPLC-MS/MSは，高選択性・高感度分析には欠かすことができない装置である．

LC–MSではカラムからの溶出液を連続的にMSへ導入するため，時間に対するMSスペクトルの変化を取ることができる．そのため，得られるデータは時間，質量電荷比（m/z），信号強度の三次元データとなる．したがって，得られたデータから，測定対象物のm/zに関するデータだけを抽出すれば，高選択性でバックグラウンドの低いデータを得ることが可能である．

　HPLCと組み合わされるMSには，四重極型（Q），飛行時間型（TOF），イオントラップ型（IT），オービトラップ型など，様々な方法がある．それぞれのMSの原理の詳細については，紙面の関係上割愛するので，参考文献を参照してほしい[3,4]．いずれの方法においてもMS内の質量分離部は高真空に保たれている．したがって，HPLCからの溶出液内に存在する分析対象物をMSに導入するためには，脱溶媒が不可欠である．また，MSで質量分離を行うには，分析対象物は電荷を有する必要がある．したがって，HPLCとMSを接続する際には，脱溶媒・イオン化双方のプロセスが必要になる．脱溶媒が必要であるため，MSに接続する際には，不揮発性物質が移動相に含まれていてはいけない．したがって，リン酸緩衝液などの不揮発性塩を含む緩衝溶液は利用することができず，酢酸アンモニウムのような揮発性塩を利用する必要がある．

　HPLC–MSで用いられる代表的なイオン化法を**表2.1**にまとめた．いずれの手法でもカラムからの溶出液は噴霧され，噴霧された液滴からの溶媒が揮発することにより，脱溶媒が達成される．脱溶媒プロセスを効果的に行うために，高温の窒素ガス気流が用いられることが多い．すべての化合物をイオン化できるイオン化法は存在しないため，分析対象物に合わせて適切なイオン化法を選択する必要がある．

　HPLC–MSで最も汎用される手法はエレクトロスプレーイオン化法（electrospray ionization：ESI）であり，噴霧時に液滴に高電圧を印可することで，帯電液滴を生成させる（**図2.12**）．帯電液滴は溶媒の揮発により，サイズが縮小し，電荷の静電反発により，液滴の分裂が生じる．これが繰り返されることで，微小液滴が生じ，最終的に溶媒が除去され，イオン化が達成される．イオン化効率は溶媒の除去効率に依存するため，粘性の高い溶媒や表面張力の小さな溶媒，揮発性の低い溶媒を使うと，十分な検出感度が得られないこともある．また，ESIでは試料成分のサイズが大きくなると，複数の電荷を帯びた

多価イオンが生じることが多い．タンパク質や合成高分子では10価を超えた多価イオンが簡単に発生する．ESIの大きな特徴としてソフトイオン化法であることが挙げられる．そのため，分子関連イオンが得られやすく，フラグメントイオンは生成されにくい．したがって，ESIでは分子構造情報を得ることは困難である．この点はフラグメントイオンを生成しやすいハードイオン化法である電子イオン化法が標準的なイオン化法であるGC-MSとは対照的である．

　LC-MS/MSを用いると，さらに高度な測定が可能になる．通常，MS/MSでは最初のMS1を通過したイオン（プレカーサーイオン）を開裂させ，生成したプロダクトイオンを次のMS2で分析する．なお，プレカーサーイオンの

表2.1　HPLC-MS で用いられる代表的なイオン化法

名称	特徴
エレクトロスプレーイオン化法 electrospray ionization : ESI	高電圧を印可し，溶液の噴霧・イオン化を行う．フラグメントイオンが生成しにくい．多価イオンが生成しやすい．医薬品などの低分子化合物から，生体高分子など幅広く用いられる．中極性から高極性の物質のイオン化によく用いられる．
大気圧化学イオン化法 atmospheric pressure chemicalionization : APCI	コロナ放電によりイオン化させた反応ガスと衝突させてイオン化を行う．フラグメントイオンが生成しにくい．低極性から中極性の比較的分子量の小さな化合物のイオン化によく用いられる．
大気圧光イオン化法 atmospheric pressure photo ionization : APPI	紫外光を照射し，直接もしくは添加物を介して間接的にイオン化を行う．フラグメントイオンが生成しにくい．APCIよりも極性の低い化合物のイオン化を行うことが可能である．

図2.12　エレクトロスプレーイオン化法の原理

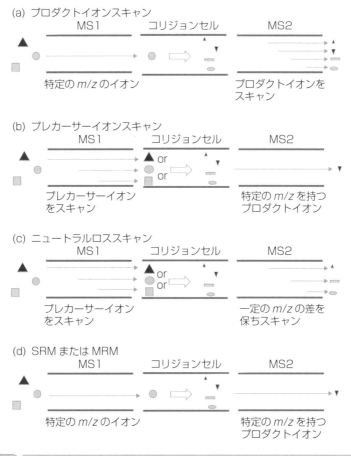

(a) プロダクトイオンスキャン

MS1　　　　　コリジョンセル　　　　MS2

特定の*m/z*のイオン　　　　　　　プロダクトイオンを
　　　　　　　　　　　　　　　　　スキャン

(b) プレカーサーイオンスキャン

MS1　　　　　コリジョンセル　　　　MS2

プレカーサーイオン　　　　　　　　特定の*m/z*を持つ
をスキャン　　　　　　　　　　　　プロダクトイオン

(c) ニュートラルロススキャン

MS1　　　　　コリジョンセル　　　　MS2

プレカーサーイオン　　　　　　　　一定の*m/z*の差を
をスキャン　　　　　　　　　　　　保ちスキャン

(d) SRM または MRM

MS1　　　　　コリジョンセル　　　　MS2

特定の*m/z*のイオン　　　　　　　特定の*m/z*を持つ
　　　　　　　　　　　　　　　　　プロダクトイオン

図 2.13　　HPLC–MS/MS の代表的な測定モード

（a）プロダクトイオンスキャン：MS1 で特定の*m/z*を持つイオンを選択し，そのプロダクトイオン（フラグメントイオン）の分析により構造情報を得る際に用いられる．
（b）プレカーサーイオンスキャン：MS2 で特定の*m/z*を持つプロダクトイオンを選択し，そのプロダクトイオンを与えるプレカーサーイオンの*m/z*情報を得る．
（c）ニュートラルロススキャン：MS1 と MS2 を一定の*m/z*の差を保ちスキャンし，特定のフラグメンテーション（ニュートラルロス）を起こす化学種を見出す際に用いられる．
（d）SRM（選択反応モニタリング）または MRM（多重反応モニタリング）：MS1 で特定の*m/z*を持つイオンを選択し，MS2 では特定の*m/z*のプロダクトイオンを選択・透過させる．バックグラウンドノイズが低下するため，HPLC–MS/MS の高感度分析に用いられる．

開裂方法にはいろいろな方法が存在するが，一般的には，アルゴンガスなどとの衝突（コリジョン）により開裂させる，衝突誘起解離（CID）が用いられる．MS/MS には様々な測定モードがあるが，代表的な測定方法を**図 2.13** に示した．それぞれが，重要な測定方法ではあるが，LC–MS/MS においては，SRM（選択反応モニタリング）または MRM（多重反応モニタリング）と呼ばれる手法が，超高感度分析に有効であり，多くの分野で利用されている．この方法では，MS1 で特定のプリカーサーイオンが選択され，コリジョンセルでの開裂により生成したプロダクトイオンのうち特定のイオンを MS2 で分析する手法である．この手法では，非常に選択性の高いクロマトグラムを得ることができるため，血液や食品など複雑な夾雑成分の妨害を十分に抑えた条件での測定が可能である．

2.3.7
その他の検出器

LC では上記以外にも様々な検出手法が開発され，市販されている検出器も多い．**表 2.2** に上述した検出手法も含めて，LC で用いられる代表的な検出器を紹介した．

| 表2.2 | | | HPLC で用いられる代表的な検出器 |

検出器	選択性	感度	特徴
紫外・可視吸光検出器 UV-VIS	△	○	約 190–850 nm の波長領域に吸光を示す物質を検出 検出感度は分子の吸光係数に依存
多波長検出器 DAD, PDA	△	○	上記＋各成分のスペクトルも測定
蛍光検出器 FLD	○	◎	蛍光を持つ成分を選択的に検出 試料に自己蛍光がないとき誘導体化が必要
示差屈折率検出器 RID	汎用	×	吸光を示さない物質も検出可能 グラジエント溶離が利用できない
電気化学検出器 ECD	○	◎	試料を電気化学的に酸化・還元しその電流を検出 電気化学活性を有する物質を選択的に検出
電気伝導度検出器 CD	△	○	一般的にイオン種の検出に利用 イオンクロマトグラフィーで利用
質量分析計 MS	◎	◎	質量分析計を検出器として用いる方法 質量スペクトルが得られ，定性・定量が可能 難揮発性の塩を移動相中に添加することはできない
荷電化粒子検出器 CAD	汎用	○	不揮発性物質であればすべて検出対象 示差屈折率検出器と異なりグラジエント溶離を利用可能 難揮発性の塩を移動相中に添加することはできない 蒸発光散乱検出器より高感度
蒸発光散乱検出器 ELSD	汎用	△	不揮発性物質であればすべて検出対象 示差屈折率検出器と異なりグラジエント溶離を利用可能 難揮発性の塩を移動相中に添加することはできない
円二色性検出器 CD	○	○	円二色性を持つ光学活性物質の選択的検出が可能

参考文献

1）三上博久・早川禎宏：*Chromatography*, **32**, 17–21（2011）
2）Miyamoto, K. *et al.*,：*Anal. Chem.*, **80**, 22, 8741–8750（2008）
3）日本分析化学会 編，山口健太郎 著：有機質量分析，共立出版（2009）
4）Gross, J. H.：マススペクトロメトリー 原書3版，丸善出版（2020）

 2D-HPLC

Chapter 3に示すようにHPLCでは多種多様な試料成分の分離を行うために様々な分離モードが開発されているが，複雑な混合物を1つの分離モードで分離することは困難である．そのため，2つの分離モードを組み合わせた二次元HPLCと呼ばれる手法が開発されている．**図**に2D-HPLCの装置構成の一例と炭化水素・ベンゼン誘導体の2D-HPLC分離例を示した．フッ化アルキル基で修飾されたカラムを用いて一次元目の分離を行い，C18（ODS）カラムを用いて二次元目の分離を行うことで，複雑な低分子化合物の混合物の分離を達成している．このほか，タンパク質混合物のトリプシン消化物のように数十万種のペプチド断片が含まれる試料を分析する際には，まずイオン交換モードで分離を行い，カラムからの溶出液を順次逆相分離する手法が用いられる．2D-HPLCを全自動で行う装置も開発・販売されているが，適切な分離結果を得るには，一次元分離・二次元分離において，カラムのサイズ・移動相流量・移動相組成・分析時間など様々なパラメータを適切に設定する必要がある．

図に示した装置例では，カラム1からの溶出液をサンプルループ1に分取を

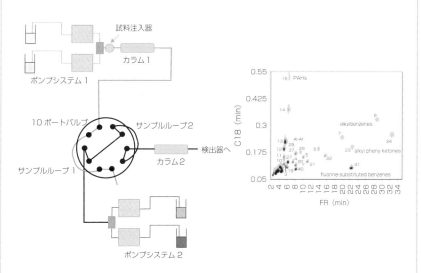

図　2D-HPLCの装置構成の一例と炭化水素・ベンゼン誘導体の2D-HPLC分離
【出典】Kobayashi, H. *et al.* : *Anal. Sci.*, **22**, 491-501 （2006）

行っている間に，すでにサンプルループ 2 に分取されている試料画分をカラム 2 で分析することが可能である．反対に，サンプルループ 2 に分取を行っている間に，サンプルループ 1 に分取された画分を分析することも可能である．図に示した結果は，一次元目カラムからの溶出液を連続的に分取し，それぞれの画分をすべて二次元目のカラムで分離を行う「包括的二次元分離」と呼ばれる手法で得られている．一方，測定対象を含む溶出液区分のみを二次元目のカラムで分離を行う「ハートカット」と呼ばれる方法も存在する．ハートカット型の 2D–HPLC においては一次元目のカラムは，夾雑成分を減少させるための前処理の役割を有する．また，二次元目のカラムで分離された成分を，さらに三次元目のカラムで分離を行う 3D–HPLC も存在する．

Chapter 3

HPLC の分離モード

　HPLC では様々な分離モードが存在し，分離対象物質によって分離モードの選択が可能である．例えば，水と油（疎水性相互作用），陽イオンと陰イオン（静電相互作用），水素結合などの化学的な作用に加えて，物理的な分子サイズの大小をうまく見分けて，目的の物質を効率よく分離するための固定相と移動相の選択が求められる．本章においては，それぞれの分離メカニズムの基礎的な解釈と実際に用いられる固定相や最適な移動相について紹介する．

3.1

分離モードの概要

　前章までに述べたとおり，HPLC では試料成分が固定相と移動相に分配されるため，各成分の移動速度に差が生じることで分離を達成する．すなわち，移動相に溶解する試料であれば，わずかな化学構造の違いを見分けて移動速度を制御することが可能となり，理論的には固定相と移動相の選択によってあらゆる物質を分離することが可能である．そのため，現在では医薬品，化成品，日用品，化粧品の分析や環境モニタリング，医療診断などきわめて広範においてHPLC は必要不可欠な分離分析手段となっている．これらの様々な対象物質に対する分離を達成するためには，一様の分離メカニズムでは不十分であり，実際には分離対象成分の極性，電荷，サイズ，立体構造などを精密に見分けるためのいくつかの分離モードが存在し，それぞれに対応する物理化学的性質が異なる固定相を用いている．ここで，HPLC における分離モードとしては，大別して，逆相，順相，親水性相互作用（HILIC），イオン交換，サイズ排除など

表 3.1　種々の分離モードにおける代表的な固定相と移動相

分離モード		固定相	移動相
分配	逆相	低極性基修飾シリカゲル 低極性ポリマーゲル	水（緩衝液），メタノール，アセトニトリル
	順相	シリカゲル 高極性基修飾シリカゲル	ヘキサン，ジクロロメタン，クロロホルム，酢酸エチル
	HILIC	極性基修飾シリカゲル	水（緩衝液），メタノール，アセトニトリル
イオン交換		イオン交換基修飾シリカゲル イオン交換基修飾ポリマーゲル	水（緩衝液，高塩濃度）
サイズ排除		多孔性ポリマーゲル	テトラヒドロフラン，クロロホルム，水

48

が主に用いられる（**表3.1**）．本章では，これらの主たる分離モードについて
紹介する．また，この他にも特殊な分離モードを用いる分離例もあるが，それ
らについては章末で紹介する．

3.2

逆相クロマトグラフィー

　現在の HPLC の分離モードの中で最も良く用いられているのが逆相クロマ
トグラフィー（reverse-phase　chromatography）である．全世界で利用され
る HPLC のうち，その 90% 以上が逆相モードである．逆相では，表 3.1 のと
おり固定相に低極性の官能基が固定化されたシリカゲルが主に用いられる．移
動相には，極性の高い水に対して水溶性の有機溶媒として，メタノールやアセ
トニトリルが用いられる．逆相モードでは，低極性の化合物から極性基を有す
る化合物まで非常に幅広い物質群が分離対象となり，さらに，移動相に水を用
いることから有機溶媒による環境負荷の低減にもつながるため，グリーンケミ
ストリーの観点からも広く利用されている．

　逆相モードでは，試料成分が固定相に保持される要因は極性の違いであると
されているが，一般的にはこの相互作用は疎水性相互作用と呼ばれる．これは
いわゆる水と油の関係にあり，固定相の低極性基は油，移動相は水の役割を果
たすことで，分離対象成分は固定相／移動相への分配の違いによって移動速度
に違いが生じる．逆相モードの固定相としては，シリカゲルを担体としてアル
キル基などを化学結合させたものと多孔性のポリマーゲルを基本とするものの
2 種類がある．一般的に，前者の方が段数が高いため，シリカゲル系の固定相
がよく用いられる．一方で，シリカゲルを基材とする場合には，残存するシラ
ノール基に起因する**非特異吸着**が問題となることがある．そのため，ペプチド
やタンパク質等の分離では，塩基性の官能基が非特異的に酸・塩基の相互作用

によって吸着することを防ぐために，ポリマーゲル基材を用いる場合がある．

　シリカゲルに化学結合させるアルキル基として用いられるものとしてはオクタデシル基，オクチル基，ブチル基などがある（**図 3.1**）．一般的に，アルキル基が長くなるほどその疎水性は大きくなるため，HPLC での溶質の保持力は強くなる．分離条件の選択は，分離対象物質の疎水性を考慮して決定し，分離したい物質群の疎水性が大きく異なる場合には，アルキル鎖の短い固定相でも十分な分離を得ることができる．また，移動相条件として最も溶出力の強い条件（有機溶媒移動相 100％）でも適当な時間以内に試料が溶出しない場合は，その固定相より保持力の弱いカラムを用いる．逆に，溶出力の弱い条件（水系移動相 100％）でも適当な時間まで保持しない場合には，疎水性の高い固定相を選択する．

　ここで，逆相モードにおいて最も汎用されているオクタデシル基修飾型シリカゲル（一般的には，OSD シリカあるいは C18 シリカと呼ばれる）について詳しく言及する．シリカゲルはシロキサン結合（Si–O–Si）からなる無機高分子であり，通常，末端はシラノール基（Si–OH）である．一般的に，ゲル表面が十分に加水分解されている場合のシラノール密度は，8.0 μmol/m^2 程度で，

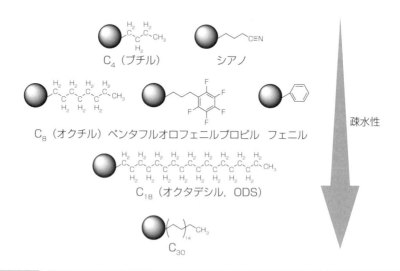

図 3.1　シリカゲル系固定相の化学構造

シラノール基には孤立シラノール，ビシナルシラノール，ジェミナルシラノールの3種が存在する（**図 3.2**）．

シリカゲル表面の化学修飾はクロロシラン化合物あるいはアルコキシシラン化合物とシラノール基とのシリル化反応によって行われる．クロロシラン化合物のような一官能性修飾剤を用いた ODS 化の反応では，孤立シラノールとの反応によってモノメリック相が形成される．一方，トリクロロあるいはトリメトキシ等の三官能性修飾剤の反応では，反応系に水が存在する場合には，モノメリック相が形成されるが，脱水条件ではポリメリック相が形成される（**図 3.3**）．三官能性の ODS シリル化剤を用いて合成した ODS シリカは，一般的に修飾密度が高く，平面的で剛直な物質（平面的な多環式芳香族等）が C18 鎖の隙間にはまり込むため，保持が大きくなり，逆に立体的にかさ高い物質の保持が小さくなる．比較的簡易な方法で，C18 の修飾率を判断する際には，逆相分離におけるアルキルベンゼン類の分析によって，メチレン鎖1個分の保持の

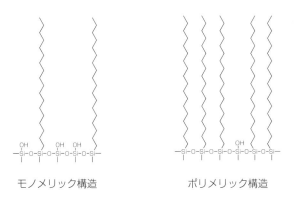

孤立シラノール　ビシナルシラノール　ジェミナルシラノール

| **図 3.2** | シラノール基の種類 |

モノメリック構造　　　　　　ポリメリック構造

| **図 3.3** | ODS のモノメリックとポリメリック |

増加を表す指標として，2つのアルキルベンゼンの保持係数の比，つまり分離係数 $\alpha(CH_2)$ が用いられる．この値が大きいほど，C18 鎖の修飾率が高いことを意味する．また，同じく逆相分離において，トリフェニレン（平面的）とオルトテルフェニル（かさ高い）の分離係数を比較することで，ポリメリックとモノメリックの相対的な違いを見ることも可能である（**図 3.4**）．

　次に，逆相系の固定相において非常に大きな問題となる，残存シラノールの影響について説明する．上述のとおり，シリカゲル表面のシラノール基の密度は 8.0 μmol/m^2 程度であるのに対して，例えばモノメリック相の C18 基の密度は，最大でも 3.0 μmol/m^2 程度であり，つまり，未反応の残存シラノールが多く存在することになる．反応条件等の検討によって，シラノール基の反応率を高くする努力がなされてきたが，立体的な反応妨害等の影響によって，完全にシラノール基を修飾することは不可能である．一方で，シラノール基は弱酸性を示すため，逆相分離においては，塩基性化合物に対して非特異な保持によるピークテーリングを示すことが問題となる．そこで，市販されている ODS カラムでは，残存シラノールの影響を低減するために，エンドキャッピングと呼ばれる 2 次的なシリル化反応が用いられている．最も古典的な手法としては，分子サイズが小さいトリメトキシ系のシリル化剤を用いて残存シラノールをキャッピングする．現在では，様々な反応系を検討した結果，残存シラノールを 5% 程度まで抑えた ODS カラムが一般的である．残存シラノールの影響

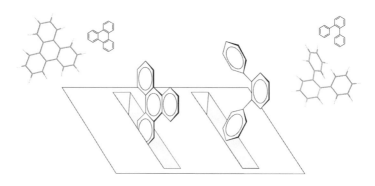

図 3.4　ODS における平面構造認識の模式図

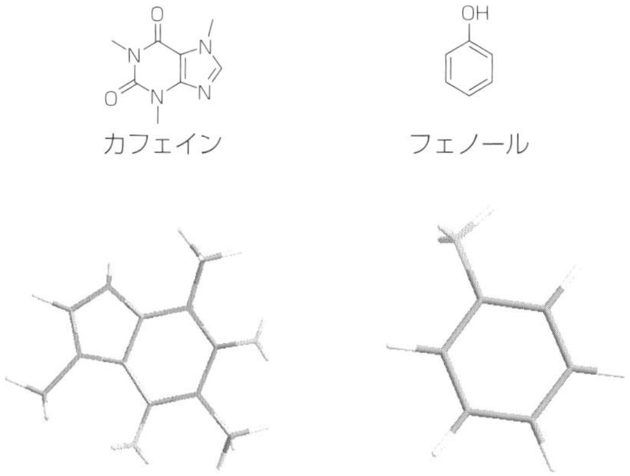

図3.5　カフェインとフェノールの化学構造

を簡易的に評価する方法として，カフェインとフェノールの分離係数（水素結合性の Si–OH の影響，**図 3.5**）やアルキルアミンとフェノールの分離係数（解離性の Si–O⁻ の影響）を評価することで確認することができる.

　上述したように，逆相モードの HPLC では，アルキル鎖を修飾したシリカゲルが主流であり，特に C18 鎖を含む ODS カラムが最も広く利用されている. 一方で，C18 では疎水的な相互作用が十分ではない場合もあり，かつ一般的な ODS カラムでは，水 100% の移動相条件では安定性が得られないという問題があった. そこで，ODS カラムに対して補完的に非常に長鎖の C30 を修飾した固定相が用いられる場合がある. 当初，カロテンなどのカロチノイド類の分離に有効な固定相として注目されたが，ODS に比べて脂溶性の高い異性体等の分離に威力を発揮するものの，一般的な逆相モードではピークがブロードになりやすく，再現性を得ることが難しい固定相とされていた. しかし，現在では C30 の修飾法やエンドキャッピング法が最適化され，ODS では分離困難な溶質群を特に水 100% の条件で利用できることから，活用の場が広がりつつある.

Chapter 3

3.3

順相クロマトグラフィー

　Chapter 1 の Tswett の炭酸カルシウムを用いた植物色素の分離実験のように，固定相の極性が高く，移動相の極性が低いクロマトグラフィーを順相クロマトグラフィー（normal phase chromatography）と呼ぶ．順相モードでは，低極性溶媒中の分離対象物質は，固定相の極性基との相互作用によって移動速度に差を生じる．有機合成の現場で頻繁に用いられるシリカゲルクロマトグラフィーや薄層クロマトグラフィーも原理的には順相クロマトグラフィーに属する．HPLC における順相クロマトグラフィーの固定相としては，多孔性シリカゲル（未修飾），あるいはその表面にアミノプロピル基（アミノカラム）やシアノプロピル基（シアンカラム）などの極性官能基を化学結合させたものが用いられる．移動相には，逆に極性が低く非水溶性のヘキサン，クロロホルム，酢酸エチルなどを用いる．これらの溶媒は一般的に沸点が低いため，分画後の濃縮，乾固が必要となる分取，精製を目的とした分離では有用である．また，移動相の粘度が低い場合が多いため，高流速での分離にも好適である．ちなみに，現在では逆相モードが主流となっているが，歴史的には順相モードが早くに発見され，広く利用されたことから normal phase と名付けられた．その逆の作用によって分離が達成されるモードとして，reverse phase となった．

3.4

親水性相互作用クロマトグラフィー

　極性化合物の分離手法としては，上述の順相モードが主流として用いられてきたが，1990年代から，新たな概念として，複数の分離モードを複合的に利用する親水性相互作用クロマトグラフィー（hydrophilic interaction chromatography：HILIC）が注目を集めるようになった（**図3.6**）．1990年にAlpert らは，アセトニトリルと水混合系の移動相において，高極性の固定相と大部分が有機溶媒である水系移動相を組み合わせる HPLC モードを HILIC と定義した．HILIC は順相モードの一種であると位置づけることができるが，移動相に水溶性溶媒を使用することが特徴である．現在では，極性化合物の分析法として幅広い分野で活用されている．HILIC モードでは，移動相に水と水溶性有機溶媒の混合物を用い，多くの場合アセトニトリルやメタノールが有機溶媒として用いられる．固定相には，極性官能基を修飾したシリカゲルあるいは高極性のポリマーゲルを用いており，逆相モードとは異なり分離対象の極性官能基に応じた様々な固定相が開発されている．よく用いられる固定相とし

| 図 3.6 | HPLC における分離モードの相関図 |

ては，未修飾のシリカゲルやアミノプロピル修飾シリカゲル，その他アミド，ジオール，シアン，コハク酸イミド誘導体，スルホベタイン，シクロデキストリンなどを含むシリカおよびポリマー基材が挙げられる（**図 3.7**）．

　HILICでは，通常揮発性の有機溶媒を多量に含む水系移動相を用いるため，他の分離モードと比較して質量分析計との相性がよい．特にエレクロトスプレーイオン化法（ESI）においては，イオン化効率が高く，それゆえに HILIC はここ数十年で飛躍的に利用範囲が拡大した．実際，ESI–MS との組み合わせによって，代謝物，核酸類，糖類，アミノ酸，ペプチドなどの定量検出が可能となり，その結果，医薬品，農薬，食品，オミクス研究などに利用が広がった．

　HILIC における分離機構は逆相モードとは対照的であり，移動相中の水の

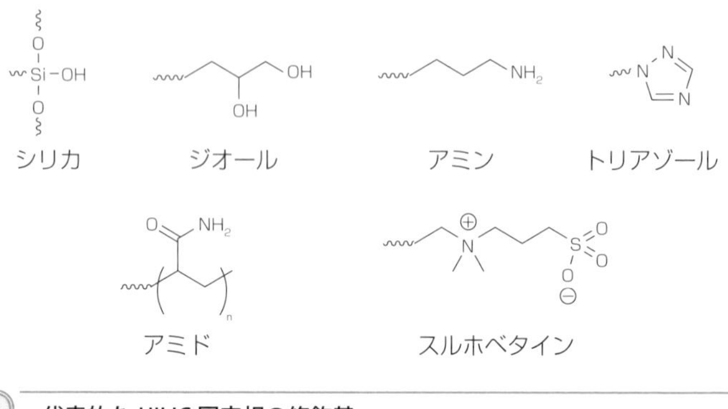

シリカ　　　ジオール　　　アミン　　　トリアゾール

アミド　　　スルホベタイン

図 3.7　代表的な HILIC 固定相の修飾基

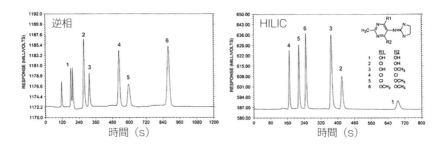

図 3.8　逆相および HILIC の典型的なクロマトグラム

含量が多くなることで溶出力が高くなる．すべての溶質が該当するわけではないが，複数成分の溶出パターンは逆相モードの場合と真逆になる（**図 3.8**）．一般的な理解として，HILIC では極性固定相表面に水層が形成され，有機溶媒層間での液／液抽出のような平衡が起こると考えられている．分離対象成分は，この 2 層拡散しながら移動を続ける（**図 3.9**）．通常，アセトニトリルの場合ではアセトニトリル濃度が 40〜97 % の範囲で水と混合する．上述のような固定相表面に水層を形成するためには，少量であっても水の添加が必要になる．HILIC での有機溶媒はアセトニトリルに限られたわけではなく，水溶性の有機溶媒であればたいてい利用することが可能であり，主な有機溶媒の溶出力は，アセトン＜アセトニトリル＜イソプロパノール＜エタノール＜メタノール≪水と考えることができる．この序列だけを見ると逆相モードと完全に逆の保持を示すように見えるが，実際には，HILIC における保持機構は逆相のような単純な疎水性相互作用のみでは説明することはできない．親水性相互作用には，水素結合，双極子相互作用，静電相互作用など複数の分子間相互作用が関与している．そのため，HILIC の移動相には，通常分析対象物質の電荷を一様にすることと保持の強度を制御することを目的として，水緩衝液が用いら

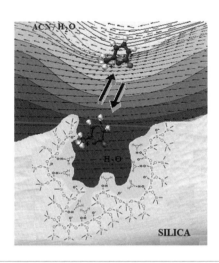

図 3.9	HILIC における保持メカニズムのイメージ

【出典】Buszewski, B., Noga, S：*Anal Bioanal Chem.*, **402**, 231–247（2012）

れる．特に，LC–MS で利用する場合には，広く用いられるリン酸塩緩衝液などの不揮発性塩は使用できないため，揮発性の酢酸アンモニウム，ギ酸アンモニウム等含む緩衝液を用いて pH を制御するのが一般的である．

3.5

イオン交換クロマトグラフィー

　HPLC の分離モードのうち，最もなじみがあり想像しやすいのがイオン交換クロマトグラフィーである．その名のとおり，イオン性官能基との静電相互作用を利用した分離モードであり，陽イオン（正の電荷を帯びたイオン，カチオン）と陰イオン（負の電荷を帯びたイオン，アニオン）が引力（場合によっては斥力）によって，分離対象物質の移動速度に違いを生じる現象を利用している（**図 3.10**）．様々なイオン交換基が導入された固定相に対して，電解質を含む移動相中をイオン成分である分離対象物質が移動する際に，イオン成分は固定相のイオン交換基に対して吸脱着を繰り返しながら移動する．この吸脱着の

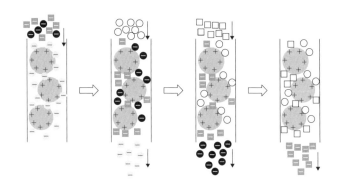

| **図 3.10** | イオン交換クロマトグラフィーのイメージ[1] |

強度は，イオン成分とイオン交換基の静電相互作用の強弱であり，強く吸着するイオンは移動速度が遅くなる．

　例えば，塩化物イオン（Cl^-）と硫酸イオン（SO_4^{2-}）の混合物を試料としたとき，4 級アンモニウムが修飾された固定相中で，炭酸ナトリウム等の塩基性溶液を移動相として用いる場合を考える．試料導入前は，過剰量に存在する移動相中の炭酸イオン（CO_3^-）が対イオンとして 4 級アンモニウムに吸着しているが，試料が導入されると CO_3^- に代わって，Cl^- や SO_4^{2-} がイオン交換基と相互作用する．さらに，移動相中に含まれる過剰の CO_3^- が連続的に供給されることによって，再度 Cl^- や SO_4^{2-} は CO_3^- に置き換わり，この吸脱着を繰り返す．このとき，4 級アンモニウムとの静電相互作用は，Cl^- よりも SO_4^{2-} の方が強いため，SO_4^{2-} の移動速度が遅くなり，最終的に分離が達成する（**図 3.11**）．

　通常市販されている陰イオン交換カラムには陰イオン交換樹脂，陽イオン交換カラムには陽イオン交換樹脂が充填されており，スチレンジビニルベンゼンを基材とする樹脂に，スルホ基，カルボキシ基，アンモニウム基，3 級アミンなど様々なイオン性官能基が導入されている．試料は，価数，イオン半径，場合によっては疎水性の違いによって分離され，一般的に，価数が大きく，原子（分子）半径が大きいほど強い静電相互作用を示すため，溶出が遅くなる．主要な無機・有機イオンのイオン交換基に対する相互作用の強度は，$Li^+ < Na^+ < NH_4^+ < K^+ < Mg^{2+} < Ca^{2+}$ および $F^- < CH_3COO^- < Cl^- < NO_2^- < Br^- < NO_3^- < HPO_4^{2-} < SO_4^{2-} < I^- < SCN^- < ClO_4^-$ で理解されている．

　これらの一般的なイオンの分離に加えて，生体試料成分の分離においてイオ

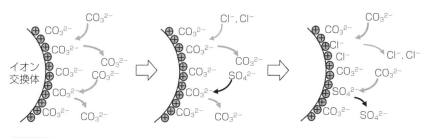

図 3.11　　イオン交換の模式図[2]

ン交換クロマトグラフィーは非常に広く用いられている．特に，アミノ酸から構成されるタンパク質やペプチドは，アミノ酸残基の違いによって局所的あるいは分子全体の電荷状態が大きく異なることから，それぞれ静電的に固有の特性を有している．タンパク質の電荷状態は，分子全体の電荷や電荷密度，表面電荷の分布のしかた，溶液のpHなどさまざまな要因によって決まる．弱酸性や弱塩基性など多種類のイオン性のアミノ酸を含み，正の電荷と負の電荷の両方を分子表面に持つ．この電荷の総和を有効表面電荷と呼び，アミノ酸の荷電状態がpHによって変化するため，タンパク質分子の有効表面電荷も溶液のpHに依存して正や負へ変化する．イオン交換クロマトグラフィーを用いたタンパク質の分離では，表面電荷のpHによる変化を利用し，可逆的に結合・溶出させることが可能である．タンパク質では，有効表面電荷がゼロになる等電点（pI）を境に，正・負の荷電状態が逆転する（**図 3.12**）．等電点より塩基性側のpHでは負に荷電するので，正に荷電した固定相と強く相互作用する．逆に，等電点より酸性側のpHでは正に荷電し，負に荷電した固定相と親和性を示す．

　上述の疎水性，水素結合あるいは後述の分散相互作用やサイズの影響に比べて，イオン交換基との可逆的な相互作用は非常に強く，有効表面電荷をコントロールするだけでイオン交換クロマトグラフィーによるタンパク質の分離・精製が可能である．多くの場合，移動相の塩濃度を高くする，あるいはpHを変

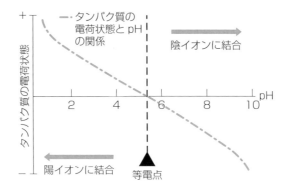

図 3.12　　タンパク質の等電点とpHの相関

えて溶出する．塩強度を高めると，固定相に吸着したタンパク質が固定相表面の電荷と拮抗して溶離し，カラム内を移動する．塩強度が高くなるにつれて，有効表面電荷の少ないタンパク質から順に溶出する．このように，移動相の塩濃度，つまりイオン強度に勾配を加えることで，複数のタンパク質であってその電荷の違いで分離して溶出させることができる．

3.6

サイズ排除クロマトグラフィー

上記までに示した分離モードでは，化学的な分子間相互作用を利用した吸脱着が分離の駆動源であった．サイズ排除クロマトグラフィー（size exclusion chromatography：SEC）は，文字どおり分離対象試料を分子サイズの違いによって分離するモードで，ゲル浸透クロマトグラフィー（gel permeation chromatography：GPC）あるいはゲルろ過クロマトグラフィー（gel filtration chromatography：GFC）と呼ばれる場合もあるが，現在では SEC が一般的な名称として使用されている．逆に言うと，固定相と分離対象試料との間に化学的な相互作用が働かないモードを利用しており，そのためには，固定相の基材と移動相の選択が極めて重要な因子になる．

他の分離モードにおける固定相と同様に，SEC においても多孔性の充填剤（主にポリマー）が用いられる．試料中の各成分の中で分子量の小さい成分は細孔の奥まで到達するのに対して，分子量の大きい成分は細孔の上層部までしか入り込むことができない．つまり，分子サイズが小さいほど充填剤の内部にとどまるため，移動速度が遅くなる（**図 3.13**）．充填剤の細孔の大きさに対して，ある一定以上の分子サイズをもつ成分では，仮にサイズが異なる複数成分であっても，細孔に入り込めない分子は分離することができず同じ移動速度で溶出される．この場合の，最も小さい分子サイズを排除限界という（**図**

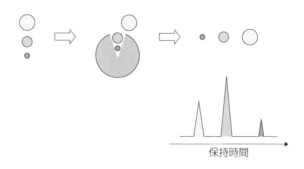

保持時間

図 3.13　サイズ排除クロマトグラフィーの原理

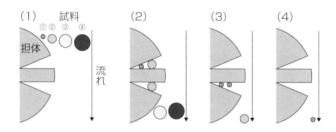

図 3.14　サイズ排除クロマトグラフィーにおける排除限界のイメージ[3]

3.14）．ここで注意しないといけないのは，SEC において必ずしも分子量と分子サイズが比例関係にはないという点である．すなわち，まったく同じ分子量の成分であっても，例えば高分子鎖の構成要素間で静電引力や静電反発がある場合には，分子サイズは大きく異なる（**図 3.15**）．同じく，高分子鎖の分岐の有無によってもサイズが異なる．そのため，SEC での溶出挙動は，分子量の違いである程度線形の関係を示すが，分子そのものの形状も考慮しないといけない．

　SEC では，サイズによる分離に基づいて未知試料の分子量を見積もることができる．通常，正確に分子量がわかっている標準試料を用いて，それぞれの分子量の試料の溶出時間をプロットすることで，校正曲線を作成する（**図 3.16**）．「溶出時間と分子量との関係」は，ポリマーの種類ごとに異なるため，基本的には測定対象と同一構造で分子量既知の分子量分布の狭い標準ポリマー

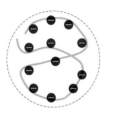

極性基を有するポリマー　　　　　　非極性ポリマー

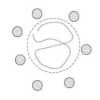

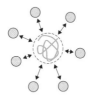

親和性高　　　　　　　　　　　親和性低

図 3.15 高分子鎖における分子サイズの違い4)

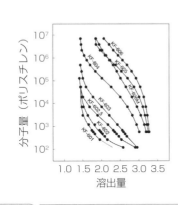

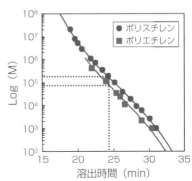

図 3.16 サイズ排除クロマトグラフィーにおける校正曲線4)

を用いる．しかし，実際には完全に同じポリマーが利用できる場合は少なく，市販のいくつかの標準品を用いて校正曲線を作成する（**表 3.2**）．

　多くの場合，高分子は単一の分子量ではなく，複数の分子量を持つ同族体の集合である．SEC では，その分子量分布の情報を得ることができる．通常，

表3.2	代表的な標準高分子と対応する移動相

標準高分子	推奨される移動相
ポリスチレン	THF, クロロホルム, トルエン, DMF
ポリメタクリル酸メチル	HFIP, DMF
ポリエチレンオキシド	水, メタノール
プルラン	水, DMSO

THF：テトラヒドロフラン，DMF：ジメチルホルムアミド，HFIP：ヘキサフルオロイソプロパノール，DMSO：ジメチルスルホキシド．

平均分子量には，数平均分子量（M_n）と重量平均分子量（M_w）がある．M_n は式（3.1）のように高分子の総重量を高分子の分子数で除した値を用いる．また，分子量の大きい高分子への寄与を重視した M_w は，重量分率による分子量の平均を用いて式（3.2）のように示される．

$$M_n = \Sigma (M_i \cdot N_i) / \Sigma N_i \tag{3.1}$$

$$M_w = \Sigma (M_i^2 \cdot N_i) / \Sigma (M_i \cdot N_i) \tag{3.2}$$

ここで，高分子中に分子量 M_i の分子が N_i 個存在するとしている．通常，SEC で求められるのは平均分子量の相対的な値であり，絶対的な値を求めるときは，M_n は浸透圧法や蒸気圧法，M_w は光散乱法を用いる．なお，SEC におけるピーク頂点の分子量は，M_n と M_w の間に存在する（**図 3.17**）．また，分子量分布が広いか狭いかを判定するパラメータとして分散度（M_w/M_n）があり，その値が 1.0 に近い値であれば分布が狭く，大きくなると分布が広くなることを意味する．

　上表にも示したとおり，SEC は疎水性充填剤と非水系有機溶媒を用いた手法と，親水性充填剤と水系移動相を用いる 2 種に大別できる．前者は，上述のような合成高分子の分子量に基づく分離や定性に用いられるが，後者は多糖類やタンパク質の分離・分取に広く用いられている．遺伝子組み換えタンパク質製造の品質管理においては，凝集体の測定や，分子量の大きいタンパク質から低分子量の添加剤や不純物を分離するための重要な手段として用いられる．通常，分子は分子量の順に溶出するが，実際には，タンパク質分子によっては円

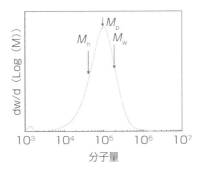

図 3.17　SEC における分子量判定

筒状を呈しているものもあり，このような分子は溶液中での流体力学半径が大きくなるために予想よりも早く溶出する可能性があることにも注意が必要である．

3.7

その他の分離モード

　ここまで HPLC における主要な分離モードとその概要を示した．一方で，これらの主要な分離モードでは分離が困難な試料も存在し，医薬・バイオや環境分野において，特殊な分離を達成する HPLC の分離モードが利用されている．

・キラルクロマトグラフィー
　アミノ酸や糖には，不斉炭素原子が含まれており，これらの存在により生成する光学（鏡像）異性体は化学的性質はほぼ同じであるのに対して，生体内での生理活性は大きく異なることがある．特に，医薬品や農薬の低分子成分で

は，鏡像異性体混合物（ラセミ体）に薬と毒が共存するような例もある．例え
ば，サリドマイドは鎮静剤やつわり緩和薬として，1950年代にヨーロッパを
中心に使用されていた．薬として機能するのは異性体のうちの一方（R体）だ
けであり，もう一方（S体）はきわめて強い催奇形性を持っており，妊娠時に

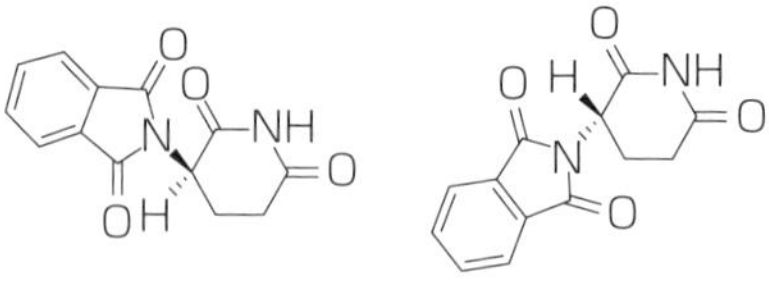

R体   S体

図3.18 サリドマイドの化学構造

表3.3 キラル固定相の例

固定相	構造	固定相	構造
アミノ酸誘導体	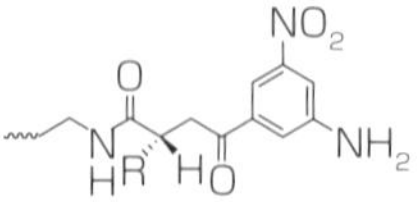	ポリメタクリル酸エステル	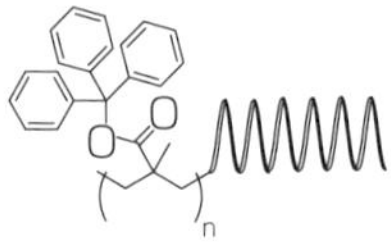
配位子交換型	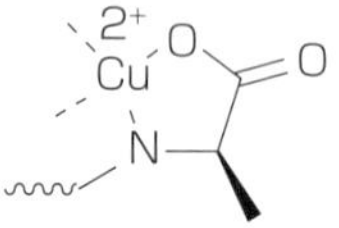	ポリアクリルアミド	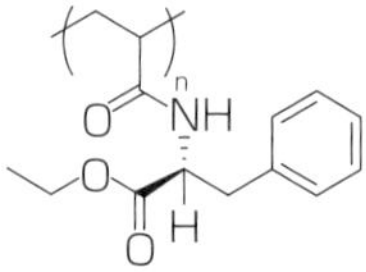
クラウンエーテル	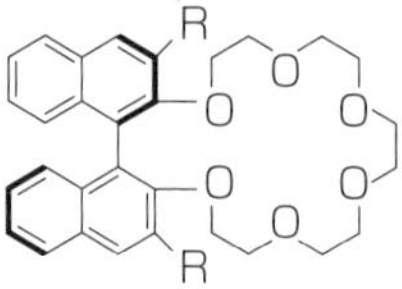	多糖誘導体	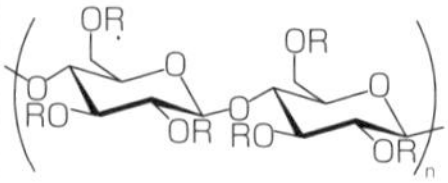
シクロデキストリン	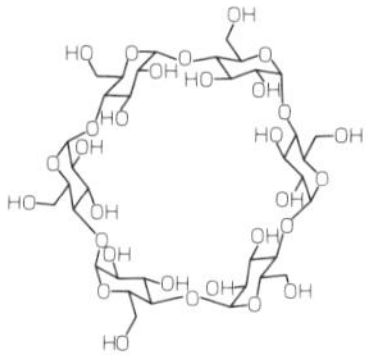	タンパク質	α1-酸性糖タンパク質 牛血清アルブミン オボムコイド

キラル分子

ジアステレオマー錯体

図 3.19	キラル分子の認識機構

　服用した場合には奇形児が生まれた例が報告されている（**図 3.18**）．このような光学活性の違いは，合成段階で作り分けることも不可能ではないが，それ以上にラセミ体を精密に分離するための手法が求められる．一方で，化学的な性質の類似する光学異性体は，汎用の分離モードでは分離が困難であり，光学異性体を分離するための様々な固定相が開発されている（**表 3.3**）．キラル中心の違いを見分けるためには，固定相にも同じくキラル中心が必要であり（**図 3.19**），わかりやすく言うなら，右手と左手が同数存在する試料に対して，固定相には右手のみを固定すれば，右手を強く保持する固定相ができる．キラル固定相では，光学活性中心が試料中の異性体のどちらか一方と強く立体的な相互作用を示し，その際に働く相互作用は，静電力，水素結合，π–π スタッキング，疎水性などの組み合わせである場合が多い．

・疎水性相互作用クロマトグラフィー

　ペプチドやタンパク質をその疎水性の違いで分離する手法として，疎水性相互作用クロマトグラフィー（hydrophobic interaction chromatography：HIC）がある．根本的な分離機構は逆相モードと同じであるが，HIC では有機溶媒を用いることなく，完全水系の移動相で，塩濃度や pH のみで分離を実現する．これは，ペプチドやタンパク質の生理活性や三次元構造を維持するために重要である．通常，高塩濃度の移動相で分析をスタートし，徐々に塩濃度を下げていくことで，疎水表面に基づく疎水性が小さい成分から順に溶出する．塩濃度の高い条件では，見かけ上疎水性相互作用は強く働くため，イオン交換モードとは逆に，塩濃度を下げるグラジエント溶離によって，効果的な分離が実現できる．また，pH の調整によってもペプチドやタンパク質の電荷状態は

大きく変わり，それに伴って疎水性も変化する．HICでは，塩濃度とpHの制御によって適切な分離パターンを得ることができる．

・アフィニティクロマトグラフィー

　タンパク質，核酸，糖類などの生体高分子は生体機構に関わっているため，これらの分子レベルでの機構解明のためには，個々の生体高分子を単離・精製することが求められる．一方，生体高分子は高分子同士の相互作用によって立体構造を維持し，生理活性を発現する．つまり，熱やpH変化といった外部刺激に対して安定ではないことが多い．一般的なHPLCに用いられる化学的な相互作用を利用した分離では，本来の活性を失う可能性があるため，生体分子の相互作用を利用したアフィニティクロマトグラフィーが用いられている．例えば，抗原–抗体，酵素–基質，ホルモン–受容体，DNA-DNAなどの生体物質間の特異的な分子認識は，きわめて選択性の高い分子結合能を示す．この特異性を利用して，ターゲット物質を絞り込んだ分離が行われている．

　特に，近年注目を集めているバイオ医薬品のうち，抗体医薬品の精製では，ProteinAを固定化した樹脂ビーズを固定相に用いることで，単純なpHグラジエントのみで，イムノグロブリンG（IgG）を単離・精製することができる（図3.20）．現在では，磁気ビーズを用いたアフィニティ分離手法も盛んに行われており，今後，アフィニティ分離による生体高分子の精製はいっそう汎用的なものになるであろう．

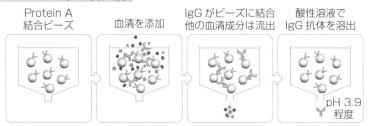

図3.20 　Protein Aを用いたIgGの分離[5)]

・弱い相互作用を利用した分離モード

　HPLC 分離では，上述の静電相互作用，疎水性相互作用，水素結合のほかに London 分散力に起因する微弱な相互作用を利用した分離も実現されている． London 分散力とは，極性分子などが恒常的に持つ電荷や多極子ではなく，分子や原子などに量子論的に生じる一時的な電気双極子間の引力によって生じる弱い分子間力である．また，ファンデルワールス力も狭義には London 分散力を意味する．例えば，π–π 相互作用は，芳香族有機分子の芳香環の間に働く相互作用で，2 つの芳香環が円盤を重ねたような配置で安定化するため，π–π スタッキングとも呼ばれる．π–π 相互作用は，広義には静電相互作用であるが，芳香族分子は分極率が大きく，London 分散力の寄与が大きい．また，π 系の分子間力の中では比較的強く，いろいろな分子の立体配座や超分子構造形成に影響を与えており，DNA の二重らせんの高次構造の安定化，芳香族化合物結晶・液晶などの物性にも π–π 相互作用の寄与がある．さらに，芳香族系の π 電子は，CH，OH，非共有電子対あるいはヨウ素や臭素等のハロゲン原子とも相互作用を示すことがわかっており，これらは π 相互作用として理解される（**表 3.4**）．このような微弱な相互作用を利用することで，汎用の分離モードでは分離が困難とされる，H/D 同位体化合物，ハロゲン化芳香族，多環式芳香族の分離が実現している．この際，移動相には比較的極性の低い有機溶媒を用いることが重要で，特に，非水系溶媒を用いることで疎水性相互作用を完全に抑制した条件で，π 相互作用が主たる分離の駆動源になることが重要である．

Chapter **3**

表 3.4 特殊な相互作用を利用した分離カラム

固定相	構造	寄与する相互作用
ナフチル基		π–π 相互作用
ピレニル基		π–π 相互作用
ペンタブロモベンゼン		分散相互作用 π–π 相互作用 ハロゲン–π 相互作用
グラファイトカーボン		分散相互作用 π–π 相互作用 CH–π 相互作用
フラーレン		分散相互作用 π–π 相互作用 CH–π 相互作用

・超臨界流体クロマトグラフィー

　常温常圧では気体の物質において，高温高圧では気体でも液体でもない，超臨界流体と呼ばれる状態がある（**図 3.21**）．**表 3.5** のように，臨界温度と臨界圧力は物質によって異なるが，一般的に超臨界流体の密度は液体に近く，物質の溶解度が高くなる．また，粘性は液体より気体に近い値を示し，超臨界流体中の物質の移動速度（拡散係数）は液体と気体の中間程度となる．これらの性質を利用して，超臨界流体はクロマトグラフィーの移動相，抽出，化学反応の溶媒などに応用されてきた．

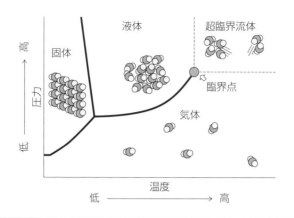

図 3.21 物質の形態の相図

表 3.5 物質の臨界温度と臨界圧力

物質	臨界温度（℃）	臨界圧力（MPa）
NH₃（アンモニア）	132.4	11.3
CO₂（二酸化炭素）	31.1	7.38
H₂O（水）	374.1	22.1
CHCl₃（クロロホルム）	263.0	5.5
C₄H₁₀（ブタン）	152.0	3.8
C₆H₆（ベンゼン）	289.5	4.9
CH₃OH（メタノール）	239.4	8.1

　特に，二酸化炭素は臨界温度が31.1℃，臨界圧力が7.38 MPaと比較的低く，取り扱いが簡便であるほか，不燃性で無毒かつ安価であることから広く利用されている．超臨界二酸化炭素は，n–ヘキサンやジクロロメタン程度の低い極性を持つといわれていることから，特に脂溶性化合物の溶解に好適である．分離技術においては，超臨界流体クロマトグラフィー（supercritical fluid chromatography：SFC）への応用が盛んに行われるようになった．SFCは高分離能を維持したまま高流速分析を行うことが可能であり，ハイスループット分析が可能である．メタノール等のモディファイアを加えることで，極性化合

71

物の溶解性も制御でき，非常に広範の分析に用いられている．現在では，質量分析計との接続により脂溶性から高極性までのメタボローム解析等の，臨床診断やバイオマーカー探索など，多岐にわたる分野において SFC の活用が期待されている．

━━━━━━━━━━━━━━━ 参考文献・URL ━━━━━━━━━━━━━━━

1）カラムクロマトグラフィーによるタンパク質の分離法を解説，生命系のための理工学基礎，https://rikei-jouhou.com/column-chromatography/
2）イオン交換分離の原理と分離に影響する4つの因子とは？，https://www.thermofisher.com/blog/learning-at-the-bench/principle-and-factors-of-ion-exchange-separation/
3）サイズ排除クロマトグラフィー用カラム，https://labchem-wako.fujifilm.com/jp/category/analysis/solvent_eluent_a/size_exclusion_a1/index.html
4）技術資料 GPC 法（SEC 法）入門講座，http://www.tosoh-arc.co.jp/techrepo/files/tarc00297/t1001y.html
5）抗体の作製方法，https://ruo.mbl.co.jp/bio/support/method/antibody-production.html

 ハロゲン結合を利用した HPLC 分離

　微弱な分子間相互作用の精密な制御の実現は，ナノメートルサイズでの分子操作を可能とし，様々な機能を引き出すことができる．とりわけ，芳香環に起因する分子間相互作用（π 相互作用）は，強い方向依存性を持っており，機能性材料の開発に積極的に利用されている．一方で，疎水性相互作用，静電相互作用，水素結合などの主たる分子間相互作用から，非常に微弱な π 相互作用の性質を明らかにすることは容易ではなく，π 相互作用を定量的に理解するための実験的手法はほとんど報告例がない．HPLC は溶質の移動相−固定相間における分配係数の差を利用した分離技術であり，π 相互作用を強く発現する分離場を構築することが可能である．例えば，非常に強い π 相互作用を発現する C70 フラーレンを固定相に用いることで，ハロゲン−π 相互作用が分離に寄与する応用も報告され

ている（**図**）．今後，毒性の高い様々なハロゲン化芳香族の精密な分離への応用
も期待できる．

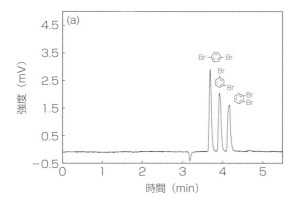

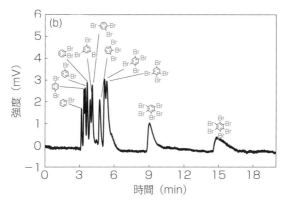

図　C70 カラムを用いた臭素化ベンゼンの分離

Conditions：column, C70–coated（75.0 cm×100 μm i.d.）；flow rate；2.0 μL
min⁻¹; mobile phase, (a) *n*–hexane, (b) *n*–hexane/*n*–decane＝8/2; temperature,
25℃；detection, UV 228 nm.

［参考：*Chem. Sci.*：**11**, 409–418（2020）］

Chapter 4

HPLC 分析の実際

　本章では，実際に HPLC 分析を行ううえで知っておくべき試料調製や，分離条件の設定，分析がうまくいかないときの原因と対応，前処理法の実際について述べる．HPLC 装置の操作法やトラブル対応の多くは装置付属のマニュアルや，メーカーへの相談により解決できることが多い．これに対し，装置以外に関する知識やトラブル対応については所属先の業務マニュアルや実験ノートで継承されることが多いが，なぜその対応になるのか？測定対象物質や試料マトリックスが異なる場合も同様に対応してよいか？を科学的に考える必要がある．本章の多くは ODS カラムを用いる逆相 HPLC 分析に関するものであるが，他の分離モードでも共通する事項が多く参考になるはずである．

4.1

移動相の調製

4.1.1
HPLC 分析に用いる水

　HPLC において水は移動相や試料調製に不可欠であるが，移動相中に水由来の不純物が存在すると，ベースラインノイズの増大やドリフト，不明ピークの出現といった現象が起こり，定量結果に影響を及ぼす可能性がある．

　日本工業規格 JISK 0124−2013 高速液体クロマトグラフィー通則には，「この規格で用いる水は，逆浸透膜法，蒸留法，イオン交換法，紫外線照射，ろ過などを組み合わせた方法によって精製した水で，分析に干渉しない水質のものとする．水質は比抵抗値，総有機物（TOC），吸光度などを指標とし評価する」と規定されており，用いる検出器によって求められる純度は異なってくる．紫外可視吸光検出器を用いる場合は HPLC 用蒸留水を用いることが推奨される．この水は紫外部に吸収を持つ不純物を取り除き，短波長域における吸光度を保証している．蛍光検出器，質量分析計を用いる場合は，よりグレードの高い（価格も高くなるが）蛍光分析用あるいは LC/MS 用蒸留水が使用される．一方，自家精製の場合，蒸留やイオン交換だけでは不十分であり，超純水製造装置により精製された水を使用する．超純水製造装置の多くは紫外線照射により有機物を分解させ TOC 量をモニターできるようになっている．超純水では，不純物や塩類のみならず，有機物や溶存ガスなども取り除かれており，TOC 量が非常に小さく，抵抗値も 18 MΩ·cm 以上（完全な純水の抵抗値の理論値は 18.24 MΩ·cm）となる．

4.1.2
移動相溶媒と LC グレード溶媒

　移動相に用いる溶媒は同じ名称であっても HPLC 用，LC–MS 用，特級，一級など多くのグレードが存在する．逆相 HPLC の移動相として用いられる HPLC 用のメタノールやアセトニトリルでは 200～230 nm の短波長域に紫外吸収をもつ不純物がフィルターなどにより除去されており，紫外可視吸光度検出や蛍光検出などにおけるクロマトグラムでの溶媒ピークの影響をなくしている．LC/MS 用グレードの溶媒では，ゴーストピークやイオンサプレッションの原因となる無機塩やポリマーなどの不純物を極限まで低減しているものをメーカーが保証しているが，特級や HPLC 用に比べて高価である．用途に合わせたグレードの溶媒を選択するのが無難である．作業環境中の微量の化合物が移動相溶媒に溶け込んでクロマトグラムのベースラインを上昇させる可能性があることから，開封後は速やかに使用する．また，移動相の交換を行う際には，溶媒ボトルに前回使用時の溶媒が残っていてもつぎ足すことなく，ボトルを十分に共洗いしてから新しい溶媒を補充する．なお，HPLC 用のテトラヒドロフランには，酸化防止剤であるジブチルヒドロキシトルエン（BHT）が含まれていないため酸化されやすく，開封後は速やかに使用する必要がある．

4.1.3
移動相に用いるメタノールとアセトニトリルの特徴と使い分け

　逆相 HPLC の移動相では成分を溶出させるための溶媒としてメタノールとアセトニトリルが汎用される．これらの溶媒それぞれの特徴や利点・欠点を**表4.1** にまとめた．移動相中のアセトニトリルをメタノールに，あるいはメタノールをアセトニトリルに置き換える際の溶出力の比較の目安となる溶媒強度のノモグラフが WEB サイトに公開されている[1]ので参考にされたい．

4.1.4
移動相に使用する試薬

　緩衝液用試薬（リン酸塩，酢酸塩，ギ酸塩など）やイオン対試薬，誘導体化試薬，少量で加える酸（リン酸，酢酸，トリフルオロ酢酸）などについても特

表4.1	逆相 HPLC におけるメタノールとアセトニトリルの違い	
項目	メタノール	アセトニトリル
価格	安い 3 L 3,950 円（HPLC 用）	高い 3 L 16,900 円（HPLC 用）
吸光度	210〜230 nm に吸収あり	HPLC 用は 210〜230 nm にほとんど吸収なし
カラムの圧力	高い メタノール：水＝1：1 では，カラムにかかる圧力が特に高くなる	メタノールに比べて低い
移動相の脱気	されやすい 水と混ぜると発熱するため脱気されやすい	されにくい 水と混ぜると吸熱して冷えるため空気を取り込みやすくなるため脱気されにくい
溶解性とピーク形状	多くの物質を溶解させやすい反面，カラム内で拡散しピークがブロードになりやすい	溶解しにくいため，カラム内での溶質の析出に注意が必要．ピークはシャープになりやすい

級やアミノ酸分析用などなるべく純度の高いものを利用する．LC–MS の移動相に添加される塩類であるギ酸アンモニウムや酢酸アンモニウムはいずれも白い結晶性粉末であるが，これらは空気中の水蒸気を取り込み一部が溶液となる潮解性を示し正確な秤量が難しくなる．

　そのため，潮解性や吸湿性，安定性に不安がある試薬については，保存に十分注意し，なるべく購入直後のものを使用する．

4.1.5
移動相のろ過

　サイズ排除クロマトグラフィーやイオン交換クロマトグラフィー，イオンクロマトグラフィー，逆相クロマトグラフィーなど移動相に緩衝液あるいは塩水溶液を使用する場合，肉眼では見えない溶質の溶け残りや，沈殿物，調製時に混入した小さなゴミなどが装置やカラムの詰まり，夾雑ピークの原因となってしまうため，フィルター類によるろ過が必要である．HPLC にあらかじめ装着されているフィルター類として，溶離液を導入する配管の先端にある溶媒フィルター（ソルベントフィルター），ポンプの出口フィルター，カラムの前にあ

るインラインフィルターなどがあり，カラム自体の入口にもフィルターが装着されている．また，塩類を含む移動相を調製した際には，孔径が 0.45 µm のポリフッ化ビニリデン（PVDF）製（水系溶媒用）あるいはポリテトラフルオロエチレン（PTFE）製（有機溶媒用）のフィルターや吸引ろ過型のフィルターユニットを用いてろ過することが推奨される．

4.1.6

移動相の脱気

　HPLC の移動相には，多くの場合 2 種類以上の溶液を混合して使用するため，調製した移動相溶液中には大量の気体が溶存し気泡が発生する原因となる．HPLC 装置内に気泡が発生すると脈流や流量変動などの送液不良，クロマトグラムのベースライン変動やノイズ発生，溶存ガス（特に酸素）の影響を受けやすい検出器（電気化学検出器，電気伝導度検出器，蛍光検出器など）の検出感度低下に繋がる．

　溶存ガスを取り除く操作を脱気といい，その方法としてアスピレーターなどを用いた減圧（**図 4.1**）や超音波振動，ヘリウムガスのパージなどがある．デガッサはポンプの前に組み込むことによって，オンラインで自動脱気する HPLC のユニット装置であり，外部が減圧状態にある特殊樹脂膜製のチューブに溶離液を通して気体のみを取り除くことができる．示差屈折率（RI）検出器を使用する場合，溶離液を事前に脱気するとクロマトグラムのベースライン

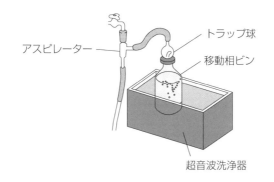

アスピレーター　　　　　　　　トラップ球

移動相ビン

超音波洗浄器

| **図 4.1** | 超音波洗浄器とアスピレーターを用いる移動相の脱気 |

が延々と変動してしまう．示差屈折率検出器は溶媒の微妙な屈折率変化を検出するため，溶存ガス濃度が変わると屈折率は大きく変化する．したがって脱気により取り除かれた溶存ガスが徐々に再溶解することでベースラインの変動につながってしまう．このような場合，事前の脱気ではなくデガッサを使用する．

4.1.7

移動相の pH

　酸性化合物や塩基性化合物は分子型では疎水性が高く，イオン化した状態ではその疎水性が低下するため，逆相カラムにおける保持挙動が異なってくる．酸解離定数（pK_a）付近では移動相のわずかな pH 変化によって影響を受けるため，移動相の pH は測定対象物の pK_a から±2 以上離れた領域に設定することが望ましい．移動相の pH を調整するためにリン酸塩緩衝液，酢酸塩緩衝液，ホウ酸塩緩衝液，クエン酸塩緩衝液，アンモニウム塩緩衝液などが目的 pH に応じて選択される．ただし，酢酸やクエン酸は 210 nm に紫外吸収を持つことから，この領域での検出には適さない．

　水溶液中での多くの測定対象物の pK_a 値は文献などで知ることができるが，有機溶媒を含む移動相中では pK_a 値と大きく異なる挙動を示すことがあるため，pH の影響を受けやすい対象物の分離においては，実際に緩衝液の pH を複数変え分離の挙動をあらかじめ検討するのが望ましい．なお，シリカゲルを基材とする固定相の多くは，強酸性（おおむね pH 2 以下）および塩基性（おおむね pH 8 以上）条件で固定相物質が脱離し急激に劣化する．そのため，使用するカラムの推奨使用 pH 範囲を知っておくことが重要である．pH 耐性に優れたシリカゲル系カラムも市販されているが，このような範囲での分離を考えている場合は，推奨使用 pH での分離条件に変更できないか，変更できない場合には分離モード自体を変更したり，強酸性や強塩基性での分離が可能なポリマー系カラムに変更できるか検討するのが良い．

　リン酸塩緩衝液などの中性の緩衝液を移動相とするイオン交換クロマトグラフィーやサイズ排除クロマトグラフィーなどでは，移動相由来の長期保存により，溶媒ボトルやカラム，装置内にカビが発生することがある．そのため，こ

れらの緩衝液については，使用時調製を心掛ける，あるいは移動相やカラムの保管時の溶液にアジ化ナトリウムを添加する．

4.2.1
試料溶媒と注入量の設定

　試料溶媒は通常，移動相の組成（グラジエント溶離の場合は初期組成）と同じ，もしくはそれよりも溶出力の弱い溶媒に溶かし，注入量は注入精度が保たれている範囲で最小限に設定することが推奨される．移動相よりも溶出力の強い溶媒に試料を溶かして大量に注入すると，試料溶媒も移動相の一部となって働き，溶質の一部が保持されることなく早く溶出され，移動相により溶出される成分との差が生じる．その結果，ピーク形状が崩れリーディングやテーリングが認められる．

4.2.2
測定対象物の試料容器や分析用バイアルへの吸着とその対策

　測定対象物が塩基性化合物や疎水性化合物である場合（あるいはその両方の性質を示す場合），その水溶液調製や希釈を行うために使用する試験管やマイクロチューブ，HPLC のサンプルバイアル内にこれらが吸着され，低濃度域での定量性や精度に影響を与えることがある．吸着の原因は容器の材質により異なる．**図 4.2** には塩基性化合物および疎水性化合物がガラス製容器や汎用されるポリプロピレン（PP）容器の内壁に吸着するメカニズムを簡単に示す．

　ガラス製容器では，ガラス表面に存在するシラノール基が解離することで，塩基性化合物や金属イオンが静電的に結合することになる．また，シロキサン

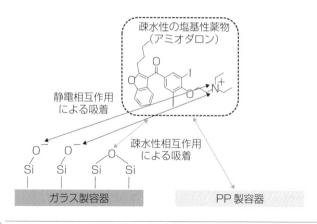

図4.2 塩基性化合物および疎水性化合物が水溶液中で容器に吸着するメカニズム

部分は疎水性を持つため，水系試料中では疎水性化合物との相互作用が生じや すくなる．これに対しPP容器では，材質であるPP自体が疎水性であるため， 水系試料中で疎水性化合物との相互作用が生じやすくなる．

このような吸着への対策を（1）静電相互作用，（2）疎水性相互作用に分け て紹介する．

（1）静電相互作用による吸着への対応

ガラス容器内面の解離したシラノール基により生じる静電相互作用を防ぐ対 策として，溶液中に塩（NaClなど）を添加し，解離したシラノール基をNa$^+$ イオンなどでブロックする．あるいは，試料溶液にリン酸や酢酸などを添加 し，酸性条件とすることでシラノールの解離を抑える方法などがある．しかし 酸や塩の添加はその後のHPLC分離や，LC–MSでの検出において影響を及ぼ す可能性があることに留意する．特に高濃度の不揮発性塩の添加は，LC–MS 装置のイオン化部の故障につながったり，イオンサプレッションやイオンエン ハンスメントといったピーク強度への影響が大きいため十分注意が必要であ る．

（2）疎水性相互作用による吸着への対応

ガラス容器内面のシロキサン，あるいはPP容器内面で生じる疎水的相互作

用を防ぐために，水溶液中に有機溶媒や非イオン性界面活性剤を添加するのが有効である．有機溶媒は，水と混和するメタノールやアセトニトリルなどを10～50% 程度加えるのが一般的である．一方，非イオン性界面活性剤としては，Tween 20 や Triton X-100 などが水溶液中に 0.1% 程度加えられる．これらの添加についても（1）と同様，その後の HPLC 分離や，LC-MS 分析での検出において影響を及ぼす可能性があることを留意しておく必要がある．

　最近では吸着を抑えた HPLC 用のガラスバイアルや PP バイアルが市販されている．低吸着のガラスバイアルは，ガラス表面の凹凸を極力抑制することで試料との接触面積を最小化している（図 4.3 上）．これにより評価で用いた疎水性かつ塩基性薬物であるアミオダロンの吸着が他のガラスバイアルや，PP バイアルに比べて大きく低減させている（図 4.3 下）[5]．これに対し低吸着のPP バイアルでは PP 自体を親水性処理したり，親水性ポリマーでコーティングしている．疎水性かつ塩基性の薬物の血中薬物濃度分析や，ペプチド分析，タンパク質分析などで，このような吸着抑制処理を施した容器を用いるケースが増えてきている．

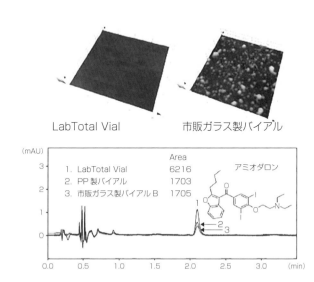

LabTotal Vial　　　市販ガラス製バイアル

| 図 4.3 | 低吸着バイアルの表面観察結果（上）と試料バイアルの違いがアミオダロンのクロマトグラムに及ぼす影響（下）[6] |

[https://www.an.shimadzu.co.jp/hplc/support/lib/lctalk/97/97uhplc.htm より一部改変]

分析カラムの選択と取り扱い

4.3.1

カラムの選択

　前章では HPLC の分離モードと用いられる固定相について解説した．実試料分析においては，分析対象物がカラム内に十分に保持され，試料マトリックス中の共存成分や夾雑物とピーク分離できることとは勿論，使用できる移動相（pH，有機溶媒の種類，塩類の添加の可否）や，用いる検出器，前処理法などを考慮に入れたうえで，正確かつ再現良く分析できるカラムを選択する．表4.2 に市販の主なカラム固定相の種類と分離モード，それらの特徴と用途をまとめた．これ以外にも ODS とイオン交換基を併せ持つミックスモードの固定相，アダマンチル基やコレステリル基を ODS の代わりに固定相とするもの，ODS の炭素鎖長をより長くした C22 カラムや C30 カラム，グラファイトカーボンを固定相とするものなどメーカー独自のカラムも多く市販されている．また，光学活性物質を分離するためのキラルカラムについても順相系や逆相系それぞれで多種多様な固定相物質が市販されている．前章 3.7 節や，書籍[6,7]，メーカー各社のカタログの情報を元に自身の用途に合ったカラムを選択する．

4.3.2

カラムのスペックを読み解くためのキーワード

　同じ分離モードのカラム，例えば同じ ODS カラムといってもメーカーごとに，また同じメーカーの製品であっても特徴の異なる製品が複数市販されていることから，ユーザーは自身の分析の用途に応じて適切なカラムを用意することが肝要となる．その際，カラムのスペックが Web サイトやカタログなどに記載されており，比較のための重要な情報となる．シリカゲル充填型カラムを

| 表4.2 | カラム固定相の種類と分離モード，特徴と用途 |

カラム名	官能基	分離モード	特徴，用途
シリカ	Si-OH	順相，HILIC	順相では非極性～中極性の化合物 HILIC では糖類や親水性化合物の分離
ブチル（C4）	$-C_4H_9$	逆相	C8 や C18 よりも保持が弱い．ペプチドやタンパク質の分離．
オクチル（C8）	$-C_8H_{17}$	逆相	C18 よりも保持が弱く，分子量の小さいペプチドやタンパク質，医薬品，ステロイド，環境汚染物質等の分離．
オクタデシルシリル（ODS）	$-C_{18}H_{37}$	逆相	中極性～低極性の多くの低分子化合物に対して保持に優れる．
シアノ	$-CN$, $-(CH_2)_3CN$	順相，逆相	極性化合物に対し，順相，逆相ともに他のカラムとは異なる分離特性が得られる．
アミノ（アミノプロピル）	$-(CH_2)_3NH_2$	順相，弱陰イオン交換，HILIC	順相ではシリカカラムと異なる選択性を持つ．芳香族の分離に適している．弱陰イオン交換では，アニオンや有機酸の分離．HILIC では，糖類や親水性化合物の分離
フェニル	$-C_6H_5$	逆相	π 電子相互作用が働くため C18 とは異なる分離パターンが得られる．芳香族化合物や中極性化合物
ペンタフルオロフェニル（PFP）	$-C_6F_5$	逆相	ハロゲン含有化合物，極性化合物，異性体に高い分離選択性と保持を示す．
ジオール	$-(CH_2)_2O-CH_2-(CH_2OH)_2$	順相，サイズ排除	順相では極性の近い化合物群の相互分離が可能 サイズ排除ではタンパク質の分離や分子量測定，核酸，多糖類などの分離
陽イオン交換	$-RSO_3H$, $-COOH$	イオン交換	無機イオン，アミノ酸，ペプチド，タンパク質などの分離
陰イオン交換	$-RN^+(CH_3)_3$, $-N(C_2H_5)_2$	イオン交換	有機酸，アミノ酸，ペプチド，タンパク質，核酸などの分離

中心にカラムのスペックを読み解くためのキーワードを概説する．

1）粒径（単位 μm＝10^{-6} m）

2.2.1項で述べたように，充填カラムでは充填剤の粒子の大きさが分離に影

響する．HPLC 用の分析カラムには粒径が 5 μm や 3 μm の球状シリカゲルが用いられ，超高速 LC（UHPLC）ではその粒径が 2 μm 以下のものが使用される．第 2 章図 2.4 にて説明した van Deemter プロットのように粒径が小さいほど段高は小さく，段数は大きくなり，より良い分離が得られる．例えば内径 2.1 mm において，粒径 5 μm のカラムでは 0.2〜0.4 mL/min で最大段数が得られ，2 μm カラムでは 0.4〜0.8 mL/min で最大段数が得られる．このように粒径が小さい充填剤ほど高流速での使用に適している．

2）ポアサイズ（単位 1 Å＝10^{-10} m）

　基材となる多孔性シリカゲルに空いている孔の大きさを表し，その単位は慣例としてオングストローム（1 Å＝10^{-10} m）で表記されている．一般に分子量が 1,000 以下の低分子は，ポアサイズ 80〜120 Å 粒子の充填剤中で拡散することができる．さらにポアサイズの小さい充填剤の方が表面積は大きくなるため固定相物質を多く修飾でき高い保持が得られる．これに対し，分子量が 1,000 以上のペプチド，タンパク質などの高分子は，小さいポアサイズの充填剤中で容易に拡散できないことや，充填剤への非特異的吸着の影響が大きくなるため，幅広いピークとなったり，ピークとして検出されなくなる．そのため，高分子の分離にはポアサイズが 300 Å 以上のカラムの利用が推奨される．

3）エンドキャッピング

　逆相系カラムの多くは表面積を大きくするために多孔性のシリカゲルを充填剤として用いており，ここにオクタデシルシランなどの固定相物質をシリカゲル中のシラノール基（Si–OH）に高密度に結合させている．しかしながら，オクタデシルシランのような大きな構造の物質をすべてのシラノール基に結合させることは不可能である．残存シラノールは酸性物質として働き，塩基性化合物との吸着や金属イオンとの配位といった意図しない相互作用を引き起こし HPLC 分離に影響を与える．そのため，残存するシラノール基にトリメチルシランなどの小さな試薬を修飾するエンドキャッピング処理が多くのカラムで行われている．塩基性化合物や金属配位性を持つ物質（ヒノキチオールやオキシン銅など）の分離には，エンドキャッピング率が高いカラムを使用すること

で，吸着を押さえたシャープな分離が期待できる．また，残存シラノールと目的物質との相互作用を期待して，シラノールが多く残存したカラムを利用する場合もある．

4）モノメリック ODS とポリメリック ODS

固定相物質であるオクタデシルシランなどの結合様式の違いを表す（詳細は3.2節参照）．モノメリック ODS の方がポリメリック ODS に比べ合成が容易で合成再現性も優れている一方，ポリメリック ODS は酸やアルカリへの耐性がモノメリック ODS よりも高くなることや立体選択性が高くなるといった特徴がある．

5）炭素含有率

同メーカーのカラムでも炭素含有率の違いにより分離特性が大きく異なる．炭素含有率が大きくなることで保持が強くなるため，一般的には分離が良くなるが，目的物質の保持が強すぎる場合もあるので用途に合ったものを選択する．

6）その他のカラムに関するキーワード

コアシェルカラム：2.2.1項で紹介したように，コアシェルカラムとは無孔性シリカ粒子核の表面を多孔質層で覆った構造をとった粒子が充填されたカラムである．この充填剤では，試料分子がカラム粒子の表面でのみ拡散し，固定相物質と相互作用するため，超高速 HPLC などに用いられる 2 μm 以下の全多孔性充填剤と同様の高い分離が得られる．

モノリスシリカカラム：2.2.2項で紹介したように，モノリスカラムとはゾルーゲル反応により作製される一体型のシリカ素材であり，マイクロメートルサイズの三次元網目状細孔（マクロポア）と，ナノメートルサイズの細孔（メソポア）を有するスポンジのような構造をとっている（図2.6参照）カラムにかかる圧力が低くても比表面積を大きくできるため，高流速での送液が可能であり，かつ高い分離が可能となる．

Chapter 4

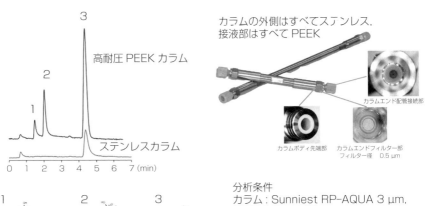

図4.4 メタルフリーカラムの構造とその効果

【出典】http://chromanik.co.jp/product/peek.html

メタルフリーカラム：リン酸化合物は，ステンレス管でできた分析カラムの内面の金属部分と配位結合することで，ピークのテーリングや回収率の低下が問題となる場合がある．メタルフリーカラムでは，カラム管の内面や接液部分をPEEK（ポリエーテルエーテルケトン）などのポリマーとすることでこれらの非特異的相互作用の影響を排除でき，シャープなピーク形状が得られる（**図4.4**）．

4.3.3
カラムの温度が分離に与える影響

　多くの分離モードにおいてカラム温度の上昇は，保持時間の短縮やピーク形状の改善（ピーク形状がシャープになる，テーリングが解消するなど）に繋がる．これは温度の上昇により移動相溶媒の粘度が低下するとともに溶媒の拡散移動が速くなり，固定相と物質の分配平衡が早くなるためである．また，逆相系の分離において，タンパク質やペプチドの分離は温度の影響を強く受ける．

カラム温度を高くすることでタンパク質や疎水ペプチド，凝集ペプチドの分離能は劇的に向上するため，70℃ 程度の高温での分離が行われる．一方，イオン交換クロマトグラフィーにおいて，フッ化物イオンや硫酸イオンなど水和力の強いイオンは，温度の上昇により水和構造が緩くなることでイオン交換基との相互作用が増加するため保持が強くなる．一方，順相分離や光学異性体分離用のカラムの中には，固定相との水素結合などを分離に利用するものがあり，この作用の寄与を高めるために低いカラム温度で使用するケースもある．

4.3.4
カラムの洗浄方法

　カラムの洗浄は，購入したカラムに付属の説明書やメーカーのホームページ記載の方法に従うことが望ましい．ここでは ODS に対する代表的な洗浄方法について述べる．カラムの溶媒置換には，カラムの空隙容積の5〜10 倍量の溶媒量を送液するのが基本となる．空隙容積は全多孔性シリカゲルと表面多孔性シリカゲルの違い，粒径の違いによって異なるが，移動相のカラム通過時間（ホールドアップ時間，min）に流速（mL/min）を乗じることで算出できる．内径4.6 mm，長さ25 cm のカラムにおいて，空隙容積が2.9 mL と算出された場合，15〜30 mL 程度の溶媒を送液することで置換できることになる．

1）移動相に緩衝液や塩水溶液を使用していた場合，使用条件から塩を除いた溶媒で十分な時間洗浄する．

2）次に移動相中の有機溶媒（メタノール，アセトニトリル，テトラヒドロフラン）の濃度を上げた溶媒もしくは，より溶出力の強い溶媒（例えば，エタノールとジクロロメタンの混液）で洗浄する．

3）洗浄後は，いったん1）で使用した溶媒に置換してから移動相に置換する．

4.3.5
カラムの保管方法

　HPLC カラムを長期間（1 か月以上）使用しない場合，カビの発生やカラム

Chapter 4

表 4.3	各分離モードにおけるカラムの保存溶媒

分離モード	保存溶媒
逆相	メタノール/水＝70/30，アセトニトリル/水＝70/30 など
HILIC	アセトニトリル/水＝90/10
順相（シリカゲル）	ハロゲンや酸を含まない有機溶媒 （ヘキサン/エタノール＝90/10 など）
イオン交換，サイズ排除	0.05% アジ化ナトリウム水溶液など

の乾燥，充塡剤の劣化を防ぐため，移動相とは異なる保存用の溶媒に置換することが推奨される．以下に各分離モードにおける代表的な保存溶媒を**表 4.3** に示す．使用したカラムの取扱説明書に封入溶媒や保存溶媒が記載されていればそちらを使用することが望ましい．

4.4

HPLC 分離条件の設定

4.4.1
分離条件の初期設定

　一般的な HPLC 分析であれば，すでに公開・報告されている分離条件をそのまま，あるいはアレンジし，自身が使用する HPLC やカラムに合わせて流速や移動相組成を変更することが近道となる．

　分析対象物が医薬品や食品添加物，食品中の残留農薬などであれば，公定書（日本薬局方や食品添加物公定書），厚生労働省が公示している試験法などの HPLC 分離条件が活用できる．また，その他の化合物についても，汎用的に分析されているものについては，HPLC 装置メーカーやカラムメーカーがアプリ

ケーションノートやデータベースを公開しているのでこれを活用できる．また，日本分析化学会やクロマトグラフィー科学会が発刊している学術論文（*Analytical Sciences* 誌[2)]，分析化学誌[3)]，*Chromatography* 誌[4)]）にも，各分野における実分析のアプリケーションが多く報告されているので参考にされたい．

4.4.2

グラジエント溶離の使用

Chapter 1 においてグラジエント溶離の概要と有用性について概説したが，分離対象物が多いほど，夾雑成分を含む試料中成分が増えるほどグラジエント溶離を使用する必要性が高まる．ここでは，アセトニトリルやメタノールを有機溶媒とする逆相系のグラジエント溶離条件設定の手順について一般的な方法を述べる．

1）水溶液 A と有機溶媒 B を用い，B の組成比が 5〜10% から 100% へと変化する直線的なグラジエント条件を設定し，任意に設定した時間で分析を行う．A に含まれる塩類が B 100% に溶解しない場合には，B の組成比は 70% 程度までとする．また，すべての試料成分が溶出するようグラジエントの最後の溶離条件をしばらく維持し，次分析に影響しないようにする．

2）1）で得られたクロマトグラムを確認し，目的成分がすべて分離できるよう適切な初期グラジエント組成とグラジエントプロファイルを決定する．多くのグラジエント溶離では，時間の経過とともに有機溶媒比を一定の割合で変化させるリニア（直線状）グラジエントが使用される．ただし，分離状況に応じて一部の時間有機溶媒比を固定したり，目的成分を早く溶出させるために有機溶媒比を急激に上昇させるステップワイズ（階段状）グラジエントなどを組み合わせる．

3）グラジエント溶離の利用においては，最終濃度から初期濃度に戻してからの平衡化時間を十分に取るとともにこの時間を一定にすることが重要である．これを怠ると連続分析した際に保持時間が一定でなくなる．平衡化時間は，分離モードや溶媒組成などにより異なるため，保持時間の再現性を確認しながら設定する．

Chapter 4

HPLC 分析における
トラブルシューティング

4.5.1
テーリングとリーディング

「テーリング」とは，図 4.5（a）のようにピークの後部がすそを引いている現象であり，「リーディング」とはこの逆で図 4.5（c）のようにピークの前部がすそを引いている現象である．テーリング，リーディングともに原因はケースバイケースであるが，以下に代表的な原因とその対応策を示す．

4.5.2
テーリングの原因と対策

テーリングの原因としては，対象物質と充填剤が望ましくない相互作用をしていることが第一に考えられる．例えば塩基性化合物は，ODS カラムに残存する酸性のシラノール（$Si-OH \rightleftarrows Si-O^- + H^+$）と静電相互作用によって吸着されることでテーリングが起こる．この場合，移動相にギ酸や酢酸を 0.1〜1.0% 程度加えることで，残存シラノールの解離を抑えつつ塩基性化合物自体もプロトン化され塩基性を示さなくなるためテーリングの解消につながる．また，ヒノキチオールやオキシン銅など金属配位性の化合物は，解離したシラノールに結合した金属イオンを介してカラム内に吸着する．この場合，移動相に EDTA・2 Na などのキレート剤を加えることでその影響を抑えることができる．ODS カラムなど多くの逆相系カラムでは，残存シラノールをトリメチルシリル基などで処理したエンドキャップがなされている（詳しくは 4.3.2 項を参照）．テーリングが起こりやすい物質の測定では，エンドキャップ率の高いカラムを選択する．あるいはシリカゲル粒子の代わりにスチレンジビニルベンゼン共重合ポリマーなどを充填剤とする逆相カラムも市販されており，こち

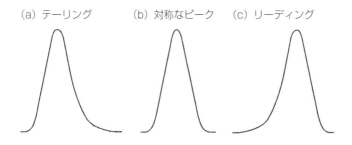

図 4.5 ピークのテーリングとリーディング

らは塩基性移動相での溶離も可能であることから，塩基性化合物や金属配位性
化合物の分析に用いられることも多い．

4.5.3
リーディングの原因と対策

　リーディングは，移動相に比べて溶出力やpHの差が大きい試料溶媒を大量
に注入したことが原因となることが多い．そのため試料溶媒を移動相溶媒ある
いはそれに近い溶媒に変更する，あるいは試料注入量を減らすことで改善され
る可能性がある．もし溶出しているすべてのピークで同じようにリーディング
が観察される場合には，カラムが寿命を迎えている可能性が高いため，カラム
の交換を検討する．

4.5.4
キャリーオーバーとその解決策

　キャリーオーバーとは，前回注入した試料の一部が装置内に残留（吸着）
し，以降の試料注入時にそれらが溶出してピークとして繰り返し検出されてし
まう現象である．キャリーオーバーは高濃度試料の分析後に低濃度試料あるい
はブランク試料を分析したときに観測される場合が多く，低濃度成分の定量や
精度などに影響を与えうる．吸着する成分としては塩基性化合物や疎水性化合
物などが大半である．

　キャリーオーバーの原因箇所はいくつか考えられるが一般的なものとして，

Chapter **4**

①サンプルニードル（オートサンプラーの場合）やマイクロシリンジ（マニュアルインジェクターの場合），②インジェクター内（オートサンプラー，マニュアルインジェクターともに）の樹脂製ローターシール，③分析カラムなどが考えられる．①の場合，オートサンプラーのニードル洗浄機能によりニードルの内外壁を溶解性の強い溶媒で洗浄する．マイクロシリンジについてもニードルの内外壁を溶解性の強い溶媒で繰り返し洗浄する．②についても装置のニードルバルブ洗浄機能などを利用して溶出力の強い溶媒で洗浄する．①，②いずれの洗浄においても溶解溶媒には，吸着物質がイオン性化合物の場合は酸（ギ酸，酢酸など1%以下の水溶液）や塩基（0.3%までのアンモニア水）が，疎水性化合物の場合はメタノールやアセトニトリル，あるいはそれらの50%水溶液，2-プロパノール，混合溶液（水：メタノール：アセトニトリル：2-プロパノール＝1:1:1:1）などが用いられる．塩の析出による流路やカラムの詰まりを避けるべく，洗浄液にリン酸緩衝液などの不揮発性水溶液の添加は避ける．

　③のカラムの洗浄では，各カラムに応じた溶出力の強い洗浄液を用いるが，吸着がカラム入口にあるフィルターで起こっているなど洗浄効果が得られない場合はカラムの交換を検討する．

4.6 HPLCにおける ピークの計算法と定量法

　日本工業規格 JIS K 0124−2011 では，高速液体クロマトグラフィーによる定量は，クロマトグラムからデータ処理装置を用いてピーク面積またはピーク高さを測定し，絶対検量線法，標準添加法または内標準法のいずれかによって測定すると規定されている．いずれの定量法においても検量用の標準物質は定量値や再現性に大きな影響を与えることから，純度の高いものを準備し，標準溶

液の安定性にも注意を払う必要がある.

4.6.1
ピーク高さとピーク面積の測定

ピーク高さは，ピークの頂点の信号値から，ピーク頂点の保持時間と同一の保持時間におけるベースラインの信号値を差し引いたもの，またはピークの頂点から時間軸に下ろした垂線がベースラインと交わる点と頂点との距離をピーク高さとする.

ピーク面積の測定法には，(1) 半値幅法と (2) 自動ピーク面積測定法の 2 種類がある. (1) の半値幅法では，ピーク高さの中点 ($h/2$) におけるピーク幅（半値幅 $W_{0.5h}$）にピーク高さ (h) を乗じたものをピーク面積とする. この方法は算出が容易であるが，ピークが著しくテーリングまたはリーディングしている場合には適用できない. (2) の自動ピーク面積測定法では，ピークの開始位置から終了位置までのピークの信号強度を積算し面積値としたものが自動計算されるが，ピークの開始位置と終了位置が適切に設定されているか，その都度チェックすることが肝要である. 特にピークが重複した場合のそれぞれのピーク面積は，解析ソフトウェアで自動分割されて計算されるため，その分割位置や分割方法が適切であるかを十分注意すべきである.

重複したピークの面積分割方法には，次の方法がある.

a) 垂線法

　図 **4.6(a)** のように，2 つのピークの大きさがほぼ等しい場合，ピークの谷から時間軸に下ろした垂線によってベースライン上のピークを 2 つに分割し，それぞれの面積を求める.

b) 谷–谷（valley to valley）法

　図 **4.6(b)** のように，バックグラウンドの上に重複したピークに対して適用する. 隣接する谷と谷とを結ぶ線分およびクロマトグラムによって囲まれた面積を求める.

c) 接線法

　図 **4.6(c)** のように，大きなピークのテーリングに重なった小さなピークの場合，ピークの谷と大きなピークのすそとを結ぶ接線上の部分をピーク面

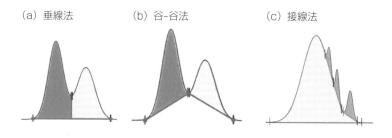

(a) 垂線法　　　　(b) 谷-谷法　　　　(c) 接線法

| **図 4.6** | 重複したピークの面積分割方法 |

積とする.

4.6.2
HPLC における定量法

1）絶対検量線法（**図 4.7 a**）

　絶対検量線法では，測定対象物の標準物質について濃度の異なる数種の標準溶液を調製する．各標準液の一定量を正確に，再現良く注入し分析する．クロマトグラムから算出したピーク面積またはピーク高さを縦軸に，測定対象物の濃度を横軸にとり，検量線を作成する．この検量線は通常，原点を通る直線となる．絶対検量線法は，標準溶液と実試料で応答が異なる可能性がある場合や，目的成分のピークの保持時間付近に共存成分のピークが近接する，あるいはピークが被るような場合には適当ではない．

2）標準添加法（**図 4.7 b**）

　標準添加法は，試料中の共存成分などの影響により検量線を用いて定量が難しい場合に適用される．測定対象物を含む試料溶液から4個以上の一定量の液を正確に測りとる．このうちの1個を除き，測り取った試料溶液に測定対象物の標準物質の量が段階的に異なるように加える．標準物質を添加しなかった1個も含めてすべての液の一定量を正確に，再現良く注入し分析する．クロマトグラムから算出したピーク面積またはピーク高さを縦軸に，試料溶液に添加された測定対象物の濃度を横軸にとり，検量線を作成する．試料中の測定対象物の定量は，横軸の原点から検量線と横軸の交点から求められる．標準添加法では，試料の調製や注入量の誤差が定量結果に影響するため，全操作を厳密に一

定の条件に保って行う必要がある.

3）内標準法（**図 4.7 c**）

　内標準法では，測定対象物になるべく近い保持時間を持ち，クロマトグラム上のいずれのピークとも完全に分離する安定な物質を内標準物質として用いる．一定量の内標準物質に対して，測定対象物の標準物質の量が段階的に異なる標準溶液を調製する．各標準液を一定量ずつ注入して得られたクロマトグラムから，「内標準物質のピーク面積または高さ」に対する「測定対象物のピーク面積または高さ」の比を縦軸に，測定対象物の濃度または「内標準物質に対する測定対象物の量の比」を横軸にとり検量線を作成する．内標準法では，目的成分と内標準物質とのピーク面積または高さの比を用いるため，調製した標準溶液や試料溶液に一定量の内標準物質が含まれていれば，注入量のばらつきや試料の状態の違いが定量結果に影響しないのが利点である．液体クロマトグラフィー－質量分析法では，内標準物質として測定対象物分子内の H, C, N 原子をそれぞれ重水素，^{13}C，^{15}N などの安定同位体に置き換えた安定同位体標識体を使用できる．この場合，内標準物質と目的成分は質量電荷比（*m/z*）のみが異なり，保持時間は同一もしくは近い位置に検出されるため，ピークの同定が容易であり再現性や正確性に優れた定量が可能である（同位体希釈法）.

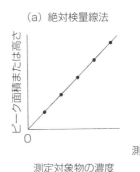
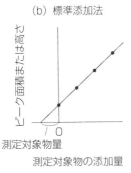
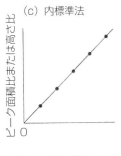

| 図 4.7 | HPLC における定量法 |

4.7

HPLC における定性分析

　本節では HPLC による定性分析について簡単に述べる．HPLC における定性分析は，基本的には得られたピークの同定である．最も一般的な方法は，標準物質を用いる方法である．標準試料では既知成分ピークのみの，比較的シンプルなクロマトグラムが得られる．一方，実試料では夾雑成分により複雑なクロマトグラムが得られるため，ピーク群から目的成分の同定が必要となる．標準物質の保持時間を用いてピークの同定を行う方法や，実試料に標準物質を添加した際に，強度が増大するピークから同定する方法もある．しかしながら，標準物質を用いる方法では，標準物質が存在する化学種しか同定を行うことができない．

　検出器がフォトダイオードアレイ検出器や質量分析計のように定性能力がある場合は，スペクトル情報からピーク同定を行うことも可能である．特に MS/MS を用いることで，未知試料成分の同定が可能となる．また，目的ピークを分取し，核磁気共鳴分析法や赤外分光法などと組み合わせて定性を行うこともある．

4.8

試料の前処理

　HPLC 分析では，食品，医薬品，生体試料，環境試料（水，土壌，大気）な

ど様々な試料を取り扱うことになるが，実試料中には測定対象物以外にも共存物質や，塩類，脂質，タンパク質などの夾雑物が多量に存在し，これらがピーク分離や検出の妨害となりうる．HPLC 分析における前処理の目的は，測定対象物を「正しく」測定できる状態までに試料調製を行うことである．本節では，現在用いられている主な前処理法について解説する．

4.8.1

溶媒抽出法

　2つの異なる性質の溶媒を使用して，測定対象物（もしくは測定対象物を含む群）をどちらか一方の溶媒に溶解させる方法である．一般には水系溶媒と，水とは混和せずに二層に分かれる有機溶媒（ヘキサン，シクロヘキサン，ベンゼン，トルエン，酢酸エチル，クロロホルム，四塩化炭素，ジエチルエーテル，$tert$-ブチルメチルエーテル，1-ブタノール）が使用されてきたが，環境負荷や作業者への健康被害への影響を考え，ベンゼンや四塩化炭素の利用は行われなくなっている．これらの二層溶媒混合液中に試料を加え，分液漏斗や試験管，マイクロチューブ内で振とうあるいは混合後，測定対象物を含む溶媒を取り出し，そのままあるいは，減圧下で溶媒を留去して初期移動相に再溶解して分析に供する．測定対象物が弱酸性化合物や弱塩基性化合物である場合，水系溶媒の pH が回収率に大きく影響する．このような化合物は解離した状態（イオン形）では水系溶媒に溶解しやすく，非解離の状態（分子形）では有機溶媒に溶解しやすい．多くの場合，測定対象物は有機溶媒中に抽出することになるため，弱酸性化合物では pK_a 値よりも 2 以上低い，弱塩基性化合物では 2 以上高い pH に設定することでほぼすべてが分子形として有機溶媒中に抽出できることになる．また，試料が界面活性剤やタンパク質を含む場合，乳化により二層の界面が混濁して不明瞭になることがある．この場合，水系溶媒に塩化ナトリウムなどの塩を高濃度になるよう加える（あるいは飽和食塩水を用いる）ことで改善できる場合が多い．

4.8.2
固相抽出法

　固相抽出法（solid phase extraction：SPE）は HPLC の原理を利用したものであり，固相（充填剤）に測定対象物を選択的に吸着あるいは分配させ，夾雑成分を洗浄により除去した後，測定対象物を適切な溶媒で溶出させる．固相抽出法に用いる器具には，カートリッジタイプや，ディスクタイプ，ウェルプレートに固相を充填したものや，粉末状など様々な形状やサイズのものがあり，HPLC と同様の分離モード（逆相，順相，HILIC，イオン交換，吸着，アフィニティーなど）が利用できる．測定対象物に対する分離モードの使い分けは，4.3.1 項にある表 4.2 も共通する部分が多いので参考にされたい．固相抽出法は使用する有機溶媒が少なく，簡便かつ迅速に多検体処理でき，自動前処理装置の利用も可能であることから，医学，薬学，食品，化学工業や環境分析など多くの分野で前処理法のスタンダードとなっている．

　固相抽出法の理論やアプリケーションの詳細は専門書[8,9]やメーカーのホームページなどに譲るが，ここでは基本操作や固相の選択，固相抽出における注意点について概説する．

4.8.3
固相抽出法の基本操作

　固相抽出法の操作は，測定する試料や，測定対象物，HPLC 分析条件，固相抽出剤の固定相物質や基材により異なるが，基本的な操作方法をカートリッジタイプの器具を例に述べる．（**図 4.8**）

　まず，①のコンディショニングにより固相の活性化と洗浄を行う．次に②試料をカートリッジに添加（ロード）する．このとき，回収率の低下を防ぐために固定相に対して溶出力の小さな溶媒に試料をあらかじめ溶解（あるいは希釈）して添加することもある．試料中の目的成分を固定相に保持させた後，③目的成分以外の成分を洗浄により除去する．最後に④保持された目的成分を適切な溶媒により溶出させ，適宜濃縮や希釈を行い測定溶液とする．

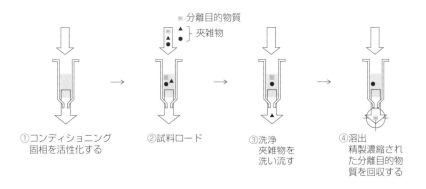

図 4.8　固相抽出の基本操作

4.8.4

固相の選択

　固相抽出剤は多種多様であり，汎用的に精製・分析されている試料や測定対象物質については，メーカーがアプリケーションノートを公開しているのでこれを活用するとよい．また，分析対象物が食品添加物，食品中の残留農薬などであれば，公定法（食品添加物公定書）の条件が利用でき，それ以外についても日本分析化学会やクロマトグラフィー科学会が発刊している学術論文（*Analytical Sciences* 誌[2]，分析化学誌[3]，*Chromatography* 誌[4]）の実分析のアプリケーションが参考となる．同じ測定対象物質であっても試料マトリックスの違いや共存物質の多さによって，回収率や再現性が大きく変わる可能性がある．選択した固相が分析目的に適う回収率を示しかつ再現性も十分であるか，前処理により測定対象物の定量や分離を妨害する共存物質が除去できているか，試料溶液のわずかな条件（ロット間差や pH など）の違いにより回収率が大きく変動しないかをあらかじめ確認しておく必要がある．

4.8.5

固相抽出法における注意点

１）コンディショニング

　固相抽出では，コンディショニングが回収率に大きく影響する．固相抽出法

に用いられる固相（充填剤）の基材（シリカゲルやポリマー）の多くは多孔質であり，固相表面の99%以上が多孔質の細孔内に存在する．逆相系の固相の場合，コンディショニングが不十分だと固相物質の撥水性により水系試料が細孔内まで入り込むことができず，膨大な固相表面積を十分に活用することができないため回収率の低下につながる．水と混和し疎水性の固相物質とも親和性のあるメタノールやアセトニトリルなどがコンディショニング溶媒として用いられる．イオン交換型の充填剤においてもコンディショニングによる固相の活性化が回収率確保のために重要となるが，分離モード（陽イオン交換，陰イオン交換），固相物質，ロードする試料溶液の組成などにより条件が異なるため，固相抽出器具の説明書に従う必要がある．

2）試料のロード

固相への試料の負荷（ロード）方法には，自然落下法や加圧法，減圧（吸引）法，遠心分離法（スピンカラム型の器具）などがある（**図4.9**）．それぞれに特色があるが，ロードする際の流速が回収率に影響を及ぼすため，通液速度を常に一定になるようコントロールすることが重要である．最適な通液速度は試料や使用する器具で異なるが，特に保持の弱い成分を対象としているときには比較的ゆっくりとした速度で行う．いずれにせよあらかじめ目的成分の標品を用いて回収率や再現性に問題がないことを確認しておく必要がある．また，測定対象物が弱酸性化合物や弱塩基性化合物である場合，試料溶液中のpHが回収率に大きく影響する．逆相系の固定相では，対象物が解離している場合は保持が弱くなるため，対象物のpK_a値を元に解離を抑えた条件にする．逆にイオン交換型の固定相では，対象物を解離させるようにpHを調整する．

3）洗浄操作

固相に試料が負荷した状態では，様々な共存物質や夾雑物も同時に保持されることになる．これらが分析結果に影響を与えないためには，洗浄の段階でできる限り取り除くことが重要である．水系試料中の目的成分を逆相系の固相抽出で精製する場合，洗浄には精製水を用いるのが一般的である．この洗浄により試料中の塩類を大きく取り除くことが期待できる．また，有機化合物の夾雑成分を洗浄により取り除くために，精製水に少量の有機溶媒を添加する場合もあるが，その際は測定対象物が洗浄により漏出していないか事前に確認する必

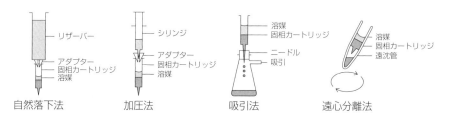

図 4.9　固相への試料のロード方法

要がある.

4) 溶出

　固相に保持された目的成分を高い回収率で溶出させるには,溶出溶媒の選択が重要である. 分配モード(順相・逆相)において,目的成分の溶解度が小さい溶媒を用いた場合は溶出力が高くとも固相内で成分が析出されるため低回収率となる可能性がある. また,イオン交換(陽イオン交換・陰イオン交換)型の固相抽出器具を用いる場合,溶出溶媒の pH や添加イオンの種類やイオン強度が回収率に直接影響する. 溶出溶媒の選択には,使用する固相抽出器具において推奨される溶媒を第一選択としつつも,目的成分の物性($\log$ P や pK_a,pK_b など)や除くべき夾雑成分の溶解度などを考慮に入れて適宜修正するのが望ましい.

　試料のロードと同じく,溶出させる際の流速が回収率に影響を及ぼすため,通液速度を常に一定になるようコントロールすることが重要である. 最適な通液速度は試料や使用する器具で異なるが,特に保持の弱い成分を対象としているときには比較的ゆっくりとした速度で行う. いずれにせよ,あらかじめ目的成分の標品を用いて回収率や再現性に問題がないことを確認しておく必要がある.

4.8.6

除タンパク法

　タンパク質を多く含む生体試料(血液,臓器など)や食品試料(肉類,魚介類,卵,乳製品など)に含まれる低分子化合物を HPLC で分析する場合,共

存するタンパク質の存在が分離や検出を妨害したり，装置や流路，カラムなど
の汚染や劣化につながる．例えば，ヒトの血漿中にはアルブミンやグロブリン
をはじめとして多種のタンパク質が存在し，その総濃度は6.5～8.2 g/dLと非
常に高い．また，食品から生体内に取り込まれた栄養素や，投与された医薬品
などの低分子化合物のなかには，生体内に存在する様々なタンパク質と結合し
結合型と非結合型の平衡状態で存在するものも多数存在する．このような場
合，試料の前処理法によっては得られる測定値の意味や測定精度，正確さなど
に影響しかねない．そのためタンパク質を多く含む試料のHPLC分析では，
除タンパク操作は必須かつ重要な前処理手段となる．除タンパク法としては，
(1) 酸除タンパク法，(2) 有機溶媒除タンパク法，(3) 限外ろ過法，が主流で
あり，それぞれについて概説する．

(1) 酸除タンパク法
　　酸を用いる除タンパク法には，過塩素酸やトリクロロ酢酸，タングステン
酸，メタリン酸，スルホサリチル酸などのかさ高い酸が用いられる．これら
の酸の添加により，タンパク質中の水素結合や疎水結合などが破壊され，タ
ンパク質の溶解度が低下することで沈殿する．通常，過塩素酸は6％（w/
v），トリクロロ酢酸は10％（w/v）程度の水溶液として少量添加される．
過塩素酸を用いた場合は，タンパク質を沈殿させた後に高濃度の炭酸カリウ
ム水溶液を加え難溶性の過塩素酸カリウムとして遠心除去することが可能で
ある．トリクロロ酢酸を用いた場合は，残存する酸をジエチルエーテルにて
抽出除去可能である．一方，塩酸や硫酸は強酸であるもののタンパク質の内
部構造にアクセスできないため，除タンパク法には適さない．

(2) 有機溶媒除タンパク法
　　有機溶媒を用いる除タンパク法には，アセトニトリル，アセトン，エタ
ノール，メタノールなどの水と混和する溶媒が利用される．過剰の有機溶媒
を加えることにより，溶液の誘電率が変化し，タンパク質表面上の水和水が
除かれることでタンパク質同士の疎水性が強くなり，凝集し変性沈殿する．
有機溶媒を加えることにより目的物質が当初の濃度から希釈される短所はあ
るが，操作が簡便であるため，血中薬物濃度測定など生体試料分析に汎用さ

れる. ただし血漿タンパク質に結合する薬物など, タンパク質の変性に巻き込まれながら一緒に沈殿してしまい回収率が著しく低下するケースもあるので注意が必要である.

　一般的な操作手順としては, (1) 内標準物質を添加した有機溶媒を試料の4 倍程度加える. 測定対象物が有機溶媒によく溶解する場合には, 氷冷した有機溶媒を加えることで除タンパク効果は高まる. (2) ボルテックスミキサーなどで激しく撹拌する. (3) 5〜20 分程度放置する. (4) 変性沈殿したタンパク質成分を遠心ろ過により除く. (4) 上清 (必要であれば濃縮あるいは乾固し, 移動相溶媒で希釈・再溶解) を HPLC 分析試料とする.

(3) 限外ろ過法

　限外ろ過法では, 細孔を持つろ過膜を備えたカートリッジやスピンカラム, フィルターなどを用い, 目的成分と夾雑物を分子の大きさの違いで分離することができる. このため, 血清や血漿などの高濃度タンパク質溶液からの除タンパクや, 尿などの希薄タンパク溶液からのタンパク質の濃縮, または脱塩などに利用されている. また, タンパク質を変性させずにタンパク質結合性分子 (薬物など) の結合画分と非結合画分を分離できる. 実際の使用においては, 目的成分や夾雑タンパク質の分子量や性質を考慮に入れ, ろ過器具の分画分子量 (molecular weight cut off : MWCO) やろ過膜の材質を選択する. また, ろ過膜自体やカートリッジやスピンカラムなどのろ過膜以外の部分 (ハウジング) 非特異的吸着には十分注意を払う必要がある.

(4) その他の除タンパク法

　上記以外の除タンパク法としては, 以下の①〜③などがある. ①塩基性下で硫酸銅 (II) や硫酸亜鉛などの金属塩を添加し, タンパク質の負に帯電したカルボキシル基に金属イオンを作用させ, 溶解度を下げて沈殿させる方法. ②飽和硫酸アンモニウムや硫酸ナトリウム, リン酸塩などの中性塩を添加し溶液のイオン強度を変化させ塩析効果により沈殿させる方法. ③分析対象物が熱に安定な場合にタンパク質を加熱により熱変性させて沈殿させる方法. 塩を添加する方法では, 除タンパク後に残存する過量の塩が HPLC 分離や検出に影響しないことをあらかじめ確認しておく必要がある. その他前処理を自動化する手法としてカラムスイッチング法 (**図 4.10**) があり, 病

Chapter **4**

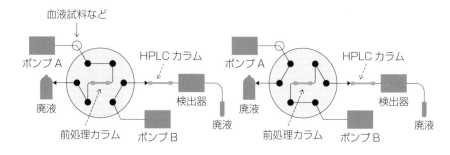

前処理カラムへの保持と洗浄　　　　前処理カラムからの溶出と分析

図4.10 カラムスイッチングシステムの概略

院薬剤部や臨床検査現場などでの治療薬物モニタリングに利用されている．カラムスイッチング法では，除タンパクなどを行った血液試料などを直接HPLCシステムに注入する（左図）と，試料中の測定対象物はポンプAの送液により前処理用カラムに保持され，残りの成分は廃液に移動する．その後，流路を切り替え，前処理カラムに保持されていた対象物はポンプBにより送液された移動相により溶出され，分析用カラムで分離後，検出部へ導入される（右図）．

4.8.7
超臨界抽出法

超臨界流体抽出法（supercritical fluid extraction：SFE）では，目的成分が含まれる試料に抽出媒体である超臨界流体を加え，溶解度の差を利用して抽出操作を行う．超臨界流体は気体と液体の中間的な性質を持ち，液体に近い密度の状態で低い粘度と高い拡散係数を示す．このため，早い物質移動と高い浸透性が実現し，試料から目的成分を高効率で抽出可能となる．

二酸化炭素は，臨界温度 $31.3℃$，臨界圧力 $7.38\,MPa$ を超えることで，超臨界二酸化炭素となる．超臨界二酸化炭素を用いる抽出は，有機溶媒抽出法と比較して時間の短縮や操作の簡略化，抽出効率の改善が期待できる．また，抽出後の超臨界流体は常温，常圧にすることで気化するため，溶媒除去・濃縮操作

が容易である．例えば超臨界二酸化炭素による抽出は，低温（31.3℃）かつ酸素の存在しない状態で行われるため，熱に不安定な物質や酸化されやすい成分の抽出に利用できる．しかしながら，超臨界流体への物質の溶解度は液体に比べて小さい．また，超臨界二酸化炭素の誘電率はヘキサンに近い値を示すことから，脂溶性成分などの低・中極性成分物質の溶解度は高いものの，ペプチド，タンパク質，多糖類などの高極性物質やイオン性物質の溶解度は低い．そのため，溶質の溶解度を高めたり，より極性の高い物質の溶解に対応させるべく，モディファイア（補助溶媒）であるメタノール，エタノール，イソプロパノール，アセトン，アセトニトリルなどが添加される．モディファイアを多く加えると二酸化炭素が超臨界状態を維持できず，亜臨界状態や 2 相の混合溶媒となってしまい抽出の再現性が低下することがあるため，均一な混合流体となるよう条件設定することが望ましい．超臨界流体抽出のための専用装置が複数のメーカーから市販されており，農作物や加工商品中の 200 種類以上の残留農薬の一斉分析（GC-MS/MS, LC-MS/MS）のための迅速かつ環境に優しい前処理法として利用されている．

4.8.8
QuEChERS 法による食品中残留農薬一斉分析のための前処理

2006 年の食品衛生法改正に基づき，食品中に残留する農薬，飼料添加物および動物用医薬品について，一定の量を超えて農薬等が残留する食品の販売等を原則禁止するポジティブリスト制度が施行された．これにより，799 農薬等に残留基準が設定されたことから，より迅速で簡便な試料の前処理法と多成分同時分析法の必要性が高まった．

食品中残留農薬に対する従来の前処理法では，ホモジナイズ（均一化）した試料に対し，①アセトニトリル添加→②抽出→③塩析（その後アセトニトリルで定容）→④脱水→⑤固相抽出（カートリッジ式）としたものを GC-MS/MS あるいは LC-MS/MS 分析していた．この場合，1 検体あたり約 60 分かかり，かつ②の抽出と③の塩析において多量のアセトニトリルを消費していた．

QuEChERS 法とは，Quick（迅速），Easy（簡単），Cheap（安価），Effective（効率的），Rugged（高い耐久性），Safe（安全）の頭文字をとったもので

あり，様々な食品等を LC–MS/MS あるいは GC–MS/MS 分析にて一斉分析するための前処理法である．QuEChERS 法ではホモジナイズした試料に対し，アセトニトリルと抽出塩を加えて激しく振とうする．これを遠心分離し，上澄み液を精製用の固相抽出剤が入ったチューブに入れ，激しく振とう後，遠心分離し，この上澄み液を GC–MS/MS あるいは LC–MS/MS 分析する（図4.11）．この方法では従来法にて別々に行っていた②〜④の工程を同一チューブで同時に行えるため，作業工程が簡素化され1検体あたり約20分で終了する．また，アセトニトリル消費量も約10分の1に削減できる．

　現在，QuEChERS 法実施のためのキットが複数のメーカーから市販されており，一般的な野菜・果物（セロリ，レタス，キュウリ，メロンなど），脂質を含む野菜・果物（アボカド，ナッツ，乳製品など），色素を含む野菜・果物（イチゴ，サツマイモ，トマトなど），色素を多く含む野菜・果物（赤トウガラシ，ホウレンソウ，ブルーベリーなど），その用途に応じて抽出塩や固相抽出剤の組成や量を変えた専用のキットが利用できる．

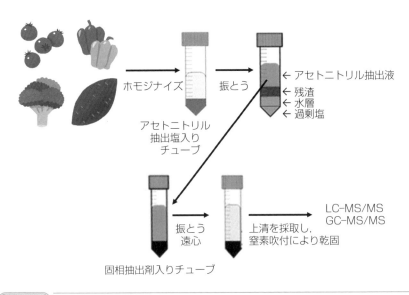

図4.11　QuEChERS 法の流れ

参考文献

1 ）島津製作所ホームページ「メタノールとアセトニトリルを使い分ける 7 つのポイント」(https://www.an.shimadzu.co.jp/hplc/support/lib/lctalk/35a/35intro.htm)

2 ）日本分析化学会　*Analytical Sciences* 誌（https://www.springer.com/journal/44211)

3 ）日本分析化学会　分析化学誌（https://www.jsac.or.jp/~wabnsk/)

4 ）クロマトグラフィー科学会　*Chromatography* 誌（https://chromsoc.jp/Journal.html)

5 ）島津製作所ホームページ「恐ろしい…試料の容器吸着（後編)」（https://www.an.shimadzu.co.jp/hplc/support/lib/lctalk/97/97uhplc.htm)

6 ）今井一洋・津田孝雄・後藤順一 編集：『キラル分離の理論と実際−分離例集，データリスト』，学会出版センター（2002)

7 ）A. M. Krstulovic 著，中村　洋 翻訳：『高速液体クロマトグラフィーによるキラル分離』，廣川書店（1997)

8 ）ジーエルサイエンス固相抽出ガイドブック編集委員会 編：『固相抽出ガイドブック』，ジーエルサイエンス株式会社（2012)

9 ）J. Arsenault：『固相抽出ビギナーズガイド』，日本 Waters 株式会社（2013)

Chapter **4**

オミクス解析における HPLC

　HPLC はプロテオミクス，リピドミクス，メタボロミクス，グライコミクスなどのオミクス解析にとっても重要な分離技術である．これらの解析では生体試料や食品などに含まれる多種多様なタンパク質（実際にはトリプシンなどの消化酵素で断片化されたペプチド）や脂質，代謝物，糖鎖などをクロマトグラフィーで網羅的に分離し，高分解能質量分析計により解析する．これらの分析では物性や分子量，構造が非常に似た成分が測定対象となるため，高分解能の質量分析計をもってしてもそれだけでは類似の成分の識別は難しい．また，測定対象物の物性（親水性から疎水性，酸性・中性・塩基性）の範囲も広く，検出には共存物質の影響も受けることから，質量分析計に導入する前に HPLC が果たす役割はきわめて大きい．分離カラムの選択やグラジエント分離条件の設定など HPLC 実施者（クロマトグラファー）の知識や技量が問われるところであり，数千個以上のペプチドのピークを 1 回の分析で分離するために 1 m 以上のモノリスシリカカラムを使用するなど，さらなる技術発展が見込まれる．

Appendix

応用分析例

　　ここでは，前章までに解説してきた HPLC の理論や装置，検出法，試料調製法などが，実際の分析現場においてどのように利用されているかを理解してもらうよう食品・飲料や生体試料，医薬品，環境試料など様々な分野での分析例を掲載した．紙面の都合で掲載例が限られており，必ずしも読者の皆様の実分析に直接役立つとは限らないが，分析対象物の構造や物性を基に HPLC 条件や前処理条件が設定されているかを考察することで HPLC に対する理解がよりいっそう深まることを期待する．

1. 医薬品

コアシェル粒子 C18 カラムを用いる市販風邪薬と
非ステロイド性抗炎症薬(NSAIDs)の UHPLC 分離

　高い段数を持つコアシェル粒子 C18 カラムを利用することで，市販風邪薬
と非ステロイド性抗炎症薬（NSAIDs）の 12 成分が 8 分以内（図 A.1(a)）
に，11 成分の NSAIDs は同時に溶出したインドメタシン＋ジクロフェナクを
除いて約 6 分で一斉分析されている（図 A.1(b)）．コアシェル粒子カラムは
通液に必要な背圧が低いため，高圧対応の UHPLC を用いずとも汎用の HPLC
で分析することも可能である．

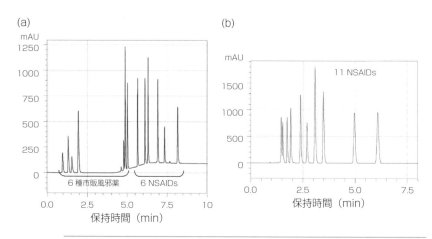

図 A. 1　(a) 6 種市販風邪薬と 6 種 NSAIDs の同時分析のクロマトグラムと（b）11
種 NSAIDs の同時分析のクロマトグラム

【測定条件】分離カラム：Sunshell C18（4.6 mm×100 mm，粒径 2.7 μm，ChromaNik Technologies）．

溶離液：A 30% メタノール含有 50 mM リン酸塩緩衝液（pH 3.0），B 80% メタノール含有 20 mM リン酸塩緩衝液（pH 3.0）．

グラジエント溶離（6 種市販風邪薬と 6 種 NSAIDs の同時分析）：0–1 min 0% B，1.01–10 min 0% B→100% B．

イソクラティック溶離（11 種 NSAIDs の同時分析）：100% B．

流速：1.0 mL/min

UV 検出：260 nm

注入量：5–10 μL

【ピーク】(a) 溶出順にマレイン酸，アセトアミノフェン，メチルエフェドリン，カフェイン，アスピリン，クロルフェニラミン，エテンザミド，プラノプロフェン，ケトプロフェン，ナプロキセン，フルルビプロフェン，イブプロフェン，メフェナム酸（計 12 医薬品 13 ピーク）．

(b) 溶出順にプラノプロフェン，ロキソプロフェン，ケトプロフェン，ナプロキセン，フェニルブタゾン，フルルビプロフェン，インドメタシン+ジクロフェナク，イブプロフェン，メフェナム酸，トルフェナム酸（計 11 医薬品 10 ピーク）．

【出典】Nishi, H., Nagamatsu, K. : *Anal. Sci.*, **30**, 205（2014）

　エルロチニブは，非小細胞肺がんやすい臓がん患者を対象とした分子標的薬である．臨床現場においてその薬物動態と治療効果，重篤な副作用との関係を理解するため，患者血液中のエルロチニブと活性代謝物である OSI-420 の HPLC-UV 分析法を報告した．

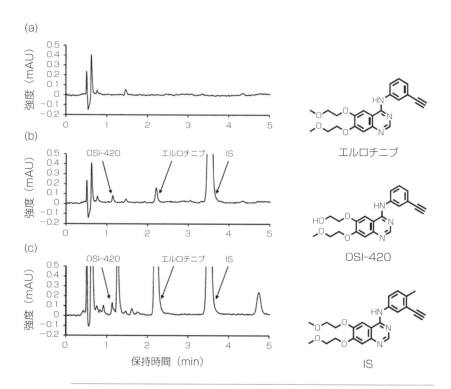

図 A. 2　(a) ブランクヒト血清試料のクロマトグラム，(b) 6 ng/mL のエルロチニブとその活性代謝物 OSI-420，IS（4-メチルエルロチニブ）を添加したヒト血清試料のクロマトグラム，(c) エルロチニブを経口投与（150 mg）した非小細胞肺がん患者の 3 時間後の血清試料のクロマトグラム．

【試料調製】
100 μL のヒト血清試料に 10 μL の内標準物質溶液（100 ng の 4-メチルエルロチニブ
のアセトニトリル溶液）および 1 mL の *tert*-ブチルメチルエーテルを加え，30 秒間激
しく撹拌後，室温にて 12,000 *g* で 1 分間遠心処理を行い，上清を 1.5 mL ポリプロピレ
ンチューブに移して窒素気流下 40℃ で乾固後，50 μL の移動相に溶解し HPLC 分析し
た。
【測定条件】分離カラム：Inertsil ODS-3（2.1 mm×100 mm，粒径 2 μm，GL Sciences）．
ガードカラム：Inertsil ODS-3（1.5 mm×10 mm，粒径 3 μm，GL Sciences）．
溶離液：26% アセトニトリル含有 20 mM リン酸カリウム緩衝液（pH 2.5）．
カラム温度：60℃
流速：0.6 mL/min
UV 検出：345 nm
注入量：10 μL
【結果】*tert*-ブチルメチルエーテルを用いた前処理を行うことで，血清試料からエルロ
チニブやその活性代謝物 OSI-420，IS となる 4-メチルエルロチニブの定量を妨害する
ようなピークは検出されなかった（図 A. 2(a, b)）．図 A. 2(c) にはエルロチニブを経
口投与（150 mg）した非小細胞肺がん患者（58 歳，女性）の 3 時間後の血清試料のク
ロマトグラムを示す．OSI-420，エルロチニブはそれぞれ 1.1 分，2.2 分に他成分と分か
れて検出された．このとき，OSI-420 の異性体である OSI-413 と推定されるピークが
1.3 分に検出された．
【出典】Suga, T., Shimada, M., Maekawa, M., Suzuki, H., Mori, M., Okazaki, T., Inoue, A.,
Yamaguchi, H., Mano, N.：*Chromatography*, **38**, 95（2017）

2. 生体試料

分析例 A.3 細胞内外に含まれるプリン塩基，ヌクレオシド，
ヌクレオチドの HPLC 一斉分析

　プリン塩基を持つアデニンやグアニンなどの核酸塩基は様々な形で生体内利
用され，最終的には尿酸にまで代謝される．培養細胞系での細胞内外での代謝
動態評価を行うため，尿酸を含む 22 種の核酸塩基，ヌクレオシド，ヌクレオ
チドの HPLC 一斉分析法が報告されている．

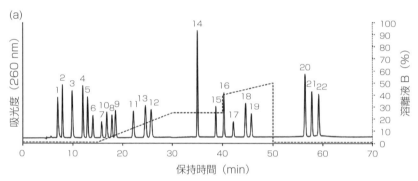

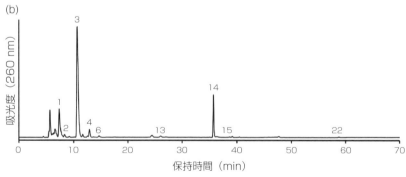

図 A. 3　(a) 22 種の核酸塩基，ヌクレオシド，ヌクレオチド標品（各 100 μM）の
クロマトグラムと（b）ヒト肝がん由来細胞株 HepG 2 細胞抽出物試料のク
ロマトグラム

【測定条件】分離カラム：YMC-Triart C18（4.6 mm×250 mm，粒径 3 µm，YMC）
溶離液：A 80 mM リン酸／リン酸アンモニウム（100/9），B 30% メタノール含有の溶
離液 A.
グラジエント溶離：0-15 min 1% B，15-30 min 1% B→25% B，30-40 min 25% B，
40-50 min 40% B→50% B，50-70 min 1% B.
流速：0.6 mL/min
UV 検出：260 nm
注入量：10 µL
【ピーク】1：グアノシン-5′-三リン酸（GTP），2：グアノシン-5′-二リン酸（GDP），
3：アデノシン-5′-三リン酸（ATP）4：アデノシン-5′-二リン酸（ADP），5：グアノシ
ン-5′-一リン酸（GMP），6：イノシン-5′-一リン酸（IMP），7：尿酸，8：グアニン，
9：ヒポキサンチン，10：キサンチン-5′-一リン酸（XMP），11：キサンチン，12：ア
デニン，13：アデノシン-5′-一リン酸（AMP），14：ニコチンアミドアデニンジヌクレ
オチド（NAD$^+$），15：イノシン，16：グアノシン，17：デオキシイノシン，18：デオ
キシグアノシン，19：キサントシン，20：アデノシン，21：デオキシアデノシン，
22：環状アデノシン-リン酸（cAMP）.
【結果】22 種類の核酸塩基，ヌクレオシド，ヌクレオチドを ODS カラムで完全分離す
るため，3 社のカラムを比較し，さらに移動相の pH についても最適化した．結果，記
載の測定条件により平衡化も含む 70 分での完全分離が達成された（図 A.3（a））．1×
10^5 個の HepG 2 細胞を HBSS 培地中で 24 時間培養し，70% アセトニトリル水溶液に
て除タンパク処理をすることで細胞内外に含まれるこれら化合物を良好に定量するこ
とが可能となった．
【出典】Fukuchi, T., Yamaoka, N., Kaneko, K.: *Anal. Sci.*, **31**, 895（2015）

ヒト血液中エイコサペンタエン酸，ドコサヘキサエン酸，
アラキドン酸の HPLC-電気化学検出分析

　魚油に多く含まれるエイコサペンタエン酸（EPA）やドコサヘキサエン酸（DHA）などの多価不飽和脂肪酸は，抗血栓作用や抗炎症作用，抗動脈硬化作用などを有する．また，血中アラキドン酸（AA）濃度がEPA に比べて顕著に高い場合動脈硬化疾患の発症リスクが高くなることから，ヒト血液試料のHPLC-電気化学検出によるこれらの分析法が報告されている．

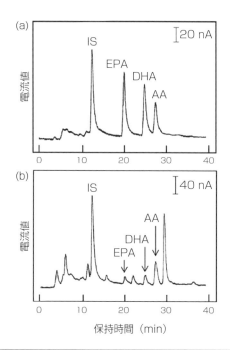

図 A.4　(a) 50 μM の EPA，DHA，AA の標準液のクロマトグラムと（b）ヒト血清試料のクロマトグラム

【測定条件】分離カラム：Develosil C 30-XG-3（1.0 mm×250 mm，粒径3 µm，Nomura Chemical）

溶離液：80%アセトニトリル水溶液

流速：30 µL/min

カラム温度：30℃

電気化学検出：カラム溶離液に 3, 5-Di-tert-butyl-1, 2-benzoquinone（DBBQ）を混合しボルタンメトリー還元により生じた電流値を検出

【試料調製】40 µL のヒト血液（血清または血漿）試料に 400 µL のジエチルエーテルを加え，EPA，DHA，AA をエーテル層に抽出する．この抽出操作を 3 回行い上層のエーテル層をあわせ窒素気流により乾固する，この残渣を 0.2 mM のウンデカン酸（内標準物質；IS）の 80% アセトニトリル水溶液 20 µL に溶かし，さらに 80% アセトニトリル水溶液 20 µL を加えて試験溶液とする．この溶液を孔径 0.45 µm のメンブレンフィルターに通し HPLC 分析した．

【ピーク】IS：ウンデカン酸，EPA：エイコサペンタエン酸，DHA：ドコサヘキサエン酸，AA：アラキドン酸．

【結果】図 A. 4(a) に 50 µM の EPA，DHA，AA の標準液のクロマトグラムを示す．すべての成分が 30 分以内に検出され，EPA と DHA，DHA と AA の分離度はそれぞれ 5.3 と 2.7 と良好に分離された．図 A. 4(b) にはヒト血清試料のクロマトグラムを示すが，血液試料分析においても今回構築した HPLC-電気化学検出システムはこれら成分に選択的であり，生体試料由来の未知ピークと分離して定量可能であった．

【出典】Kotani, A., Watanabe, M., Yamamoto, K., Kusu, F., Hakamata, H.: *Anal. Sci.*, **32**, 1011（2016）

3. 食品

　トランス脂肪酸は，不飽和脂肪酸の幾何異性体（トランス体）の総称であり，マーガリンやショートニング等の加工油脂に含まれ，また，天然においても牛肉や牛脂中にわずかに含まれている．トランス脂肪酸は食品を通じて体内に摂取されると，LDL コレステロールを増加させ，動脈硬化等の心疾患のリスクを高めるとの報告がある．ここでは，9-アントリルジアゾメタン（ADAM）試薬を用いて遊離脂肪酸を蛍光誘導体化したのち，HPLC で測定する例を紹介する．以下の分析条件は，トランス脂肪酸のうち主要成分であるエライジン酸（オレイン酸のトランス異性体）を対象として最適化したものである．

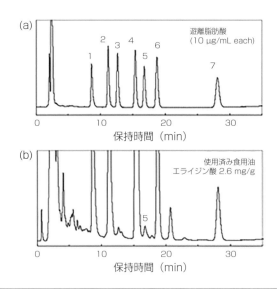

図 A.5　（a）代表的な脂肪酸混合液のクロマトグラムと（b）使用済み食用油のクロマトグラム

【測定条件】分離カラム：TSKgel　ODS-120 A（4.6 mm　i.d.×150 mm，粒径 5 µm，東ソー）

移動相：A：アセトニトリル／水＝95/5，B：アセトニトリル

グラジエント溶離：0-15 min 0% B→100% B，15-30 min 100% B

流速：1.2 mL/min

カラム温度：25℃

蛍光検出：励起 365 nm．蛍光 412 nm．

注入量：5 µL

【試料調製】ADAM をまずはアセトンに溶解して 1% 溶液を調製したのち，メタノールで 10 倍に希釈して 0.1% 溶液とした．食用油は 20 mg をアセトン 5 mL に溶解して 4 mg/mL 程度に調整した．ADAM 試薬溶液 200 µL と試料溶液 200 µL を混合して室温下で 60 分間静置し，ろ過したものを測定に供した．

【ピーク】1：リノレン酸（C18：3），2：リノール酸（C18：2），3：ミリスチン酸（C14：0），4：オレイン酸（C18：1），5：エライジン酸（C18：1 トランス型），6：パルミチン酸（C16：0），7：ステアリン酸（C18：0）

【出典】TOSOH，TSKgel カラム，テクニカルインフォメーション No. 130

　ビタミン類は生体内で生物の生存・生育に不可欠な役割を担っているが，体内では合成できない，もしくは必要量を十分に合成できないため，食料から摂取する必要がある．ここでは栄養補給のため栄養剤に配合された水溶性ビタミンの分析例を示す．

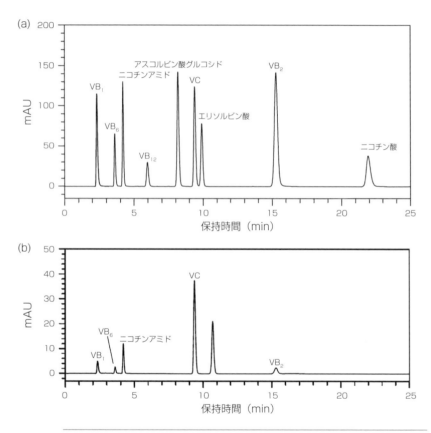

図 A.6　(a) 代表的な水溶性ビタミンの混合標準液のクロマトグラムと (b) 栄養剤のクロマトグラム

【測定条件】分離カラム：HITACHI LaChrom C18-PM（4.6 mm×250 mm，粒径5 μm，日立）
溶離液：A リン酸緩衝液（pH 5.2）／アセトニトリル＝90：10（v/v）
流速：0.8 mL/min
温度：40℃
UV 検出：260 nm
注入量：10 μL
【試料調製】（蛍光誘導体化）試料2 mgを秤り取り，溶離液で10 mLに定容し，0.45 μm
のフィルターでろ過したものを測定に供した．
【ピーク】（a）溶出順にチアミン（VB$_1$），ピリドキシン（VB$_6$），ニコチンアミド，シア
ノコバラミン（VB$_{12}$），アスコルビン酸グルコシド，アスコルビン酸（VC），エリソル
ビン酸，リボフラビン（VB$_2$），ニコチン酸．（b）溶出順に VB$_1$，VB$_6$，ニコチンアミ
ド，VC，unknown，VB$_2$．
【出典】日立ハイテクサイエンス　アプリケーションデータ集　No. LC 110010-01

　糖は甘みのもととしての働き以外に，保水性や粘性という視点から品質保持や形状の保持などにも役立っている．また，体内ではエネルギー源として，さらにはタンパク質や脂質と結合して重要な役割を担っている．糖は紫外可視領域に吸収を持たないため，RI 検出器や ELSD 検出器を用いるか，あるいは誘導体化を行ってから検出する必要がある．ここではフェニルヒドラジン試薬を用いたポストカラム誘導体化法によりビール中の糖を分析した例を紹介する．

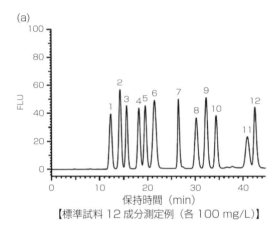

【標準試料 12 成分測定例（各 100 mg/L）】

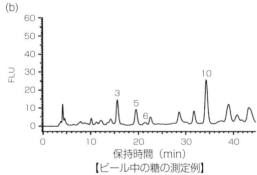

【ビール中の糖の測定例】

図 A.7　（a）代表的な糖の混合標準液のクロマトグラムと（b）ビールのクロマトグラム

【測定条件】分離カラム：Asahipak NH2P-50 4E（4.6 mm i.d.×250 mm，5 μm，Shodex）．
移動相：A：アセトニトリル，B：水，C：水／リン酸＝90/10（v/v）
グラジエント溶離：低圧グラジエント
流速：1.0 mL/min
カラム温度：40℃
反応溶液：フェニルヒドラジン溶液
反応溶液速度：0.4 mL/min
反応温度：150℃
蛍光検出：励起：330 nm，蛍光：470 nm
注入量：10 μL
【試料調製】超音波をかけて炭酸ガスを脱気した後，純水で10倍に希釈し0.45 μm のメンブレンフィルターでろ過したものを測定に供した．
【ピーク】1：キシロース，2：アラビノース，3：フルクトース，4：マンノース，5：グルコース，6：ガラクトース，7：スクロース，8：マルトース，9：ラクトース，10：イソマルトース，11：マルトトリオース，12：ラフィノース
【出典】日立ハイテクサイエンス LC アプリケーションシート No. AS/LC-017

　食品に含まれる有機酸は，味や風味に大きな影響を与え，発酵過程における品質管理に役立っている．また，有機酸は食品以外にも測定対象となる試料が多く，医薬品や培養液，化粧品など多岐にわたる．ここでは，陽イオン交換カラムを2つ直列につなぎ，イオン排除モードで有機酸を分離したのち，ブロモチモールブルー（BTB）を用いたポストカラム誘導体化法により高感度に定量した例を紹介する．

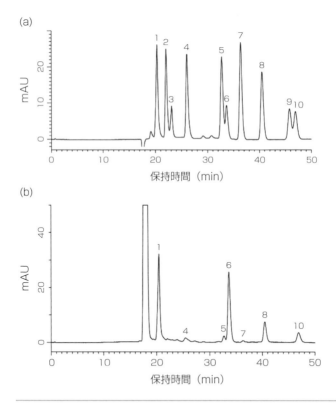

図 A. 8　（a）代表的な有機酸の混合標準液のクロマトグラムと（b）醤油中の有機酸のクロマトグラム

【測定条件】分離カラム：InertSphere FA-1（7.8 mm i.d.×300 mm，9 μm，GL Sciences）
×2本
移動相：3 mM　過塩素酸
流速：0.5 mL/min
カラム温度：35℃
反応溶液：0.1 mM BTB＋30 mM　リン酸水素二ナトリウム
反応溶液速度：0.5 mL/min
UV-Vis 検出：440 nm
注入量：10 μL
【試料調製】醤油 1 mL を水で 5 倍に希釈し 0.45 μm のメンブレンフィルターでろ過し
たものを測定に供した．
【ピーク】1：リン酸，2：クエン酸，3：ピルビン酸，4：リンゴ酸，5：コハク酸，6：
乳酸，7：ギ酸，8：酢酸，9：レブリン酸，10：ピログルタミン酸．
【出典】GL Sciences, LC technical note, LT 173（2018 年 11 月発行）

　アミノ酸はタンパク質の構成成分であるだけでなく，セロトニンやドーパミンなどの神経伝達物質の前駆体（原料）として使われているなど，体内で重要な役割を担っている．そのため生化学分野や製薬業界，また臨床検査や食品の品質管理において頻繁に分析されてきた．アミノ酸はそのままの形で高感度に検出することは困難であり，一般に誘導体化が行われる．ここでは，フェニルイソチオシアネート（PITC）を用いたプレカラム誘導体化法による醤油中アミノ酸の分析例を紹介する．

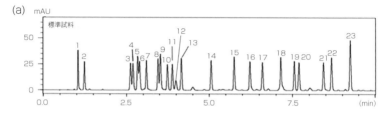

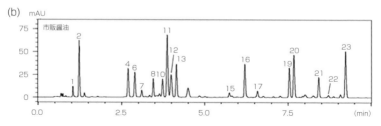

| 図 A.9 | （a）フェニルイソチオシアネート（PITC）で誘導体化したアミノ酸および関連物質の混合標準液のクロマトグラムと（b）市販醤油試料のクロマトグラム |

【測定条件】分離カラム：Shim-pack XR-ODS（3.0 mm i.d.×100 mm，粒径 2.2 μm，島津 GLC）

移動相：A 50 mM リン酸カリウム緩衝液（pH 7.0），B アセトニトリル

グラジエント溶離：0-0.5 min 5% B，0.5-10.5 min 5% B→35% B

流速：0.9 mL/min

カラム温度：40℃

UV 検出：254 nm

注入量：1 μL

【試料調製】市販の醤油を水で 200 倍に希釈し，0.45 μm メンブレンフィルターでろ過後，0.1 mol/L の PITC アセトニトリル溶液，および 1 mol/L のトリエチルアミン（アセトニトリル溶液）を加えて撹拌し，40℃ で 20 分間反応させた．室温まで放冷したのち，1.2 mol/L の塩酸で中和処理を行ってから測定に供した．

【ピーク】1：アスパラギン酸，2：グルタミン酸，3：アスパラギン，4：セリン，5：グルタミン，6：グリシン，7：ヒスチジン，8：アルギニン，9：γ-アミノ酪酸，10：スレオニン，11：アラニン，12：アンモニア，13：プロリン，14：テアニン，15：チロシン，16：バリン，17：メチオニン，18：シスチン，19：イソロイシン，20：ロイシン，21：フェニルアラニン，22：トリプトファン，23：リジン

【出典】Shimadzu Prominence UFLC Application data sheet No. 8（2007 年 8 月発行）

分析例 A.10 赤ワイン中の不揮発性腐敗アミンの分析

　ヒスタミン（Him）等の不揮発性アミン類は，微生物による食品の腐敗により生じる．なかでも Him は高濃度の摂取で蕁麻疹や頭痛，動悸等の症状が見られ，アレルギー様食中毒の原因物質となっている．また，チラミン（Tym）は高血圧や頭痛等を誘発する可能性が指摘されており，品質管理の観点から食品中の不揮発性アミン類の定量が必要とされる．ここでは，フタルアルデヒド（OPA）を用いたプレカラム誘導体化法による赤ワイン中の不揮発性アミンの分析例を紹介する．

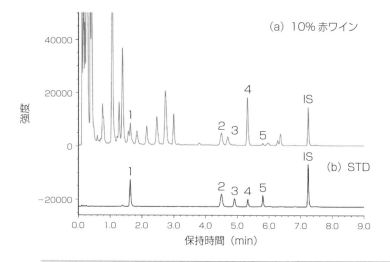

図 A.10　(a) 赤ワインのクロマトグラムと (b) 代表的な不揮発性アミンの混合標準液のクロマトグラム

【測定条件】分離カラム：Sunshell C18（2.1 mm i.d.×50 mm，粒径 2.6 μm）
移動相：A 1 M クエン酸緩衝液（pH 5.8）3.5 mL を水 1 L と混合した溶液，B 1 M クエン酸緩衝液（pH 5.8）3.5 mL を水／アセトニトリル／エタノール＝50/40/10（v/v/v）からなる溶液 1 L と混合した溶液.
グラジエント溶離：0–3.0 min 20% B→40% B，3.0–4.0 min 40% B，4.0–8.0 min 40% B→80% B，8.0–8.05 min 80% B→100% B，8.05–9.5 min 100% B
流速：1.0 mL/min
カラム温度：40℃
蛍光検出：励起 345 nm，蛍光 455 nm
注入量：1 μL
【試料調製】赤ワイン 1 mL に内標準溶液（100 μM）を 0.5 mL 添加し，純水で 10 mL に定容したのち，0.45 μm メンブレンフィルターでろ過した．なお，誘導体化は，オートサンプラーのプレカラム誘導体化機能を用いれば，サンプルと反応液，反応（混合）バイアルを用意するだけで自動で行える.
【ピーク】1：ヒスタミン，2：チラミン，3：スペルミジン，4：プトレシン，5：カダベリン，IS：1, 8–ジアミノオクタン
【出典】日本分光，LC application data, No. 470004 H

　米酢などの発酵食品中に含まれるキラルアミノ酸（D-体，L-体）を高感度に分別定量するため，図 A.11 に示すようにオルトフタルアルデヒド（OPA）と N-(*tert*-ブトキシカルボニル)-D-システイン（Boc-D-Cys）によるジアステレオマー蛍光誘導体化を行い，HPLC-蛍光検出により分析された．

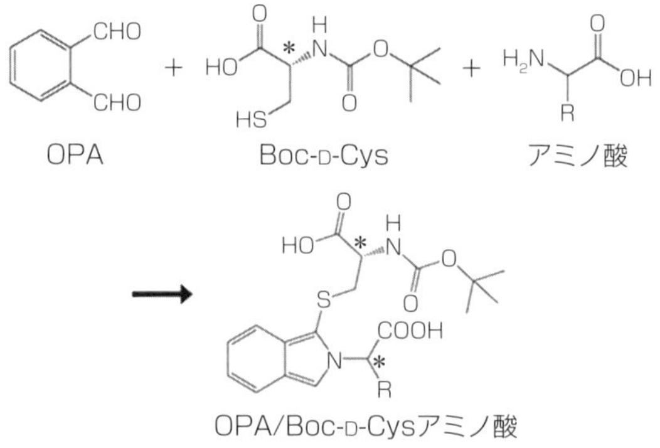

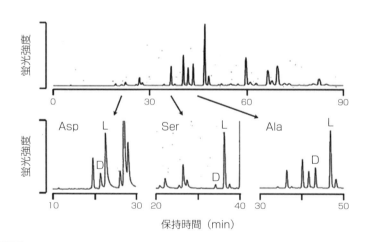

OPA　　　　Boc-ᴅ-Cys　　　　アミノ酸

OPA/Boc-ᴅ-Cysアミノ酸

> **図 A.11**　OPA と Boc-ᴅ-Cys を用いるキラルアミノ酸のジアステレオマー蛍光誘導体化反応

> **図 A.12**　伝統的な方法で発酵させた琥珀色の米酢試料のクロマトグラム

【試料調製（蛍光誘導体化）】10 μL の食酢試料（水で 100 倍希釈したもの）に 400 mM のホウ酸緩衝液（pH 9.0）70 μL と 20 μL の蛍光誘導体化試薬溶液（2 mg の OPA と 2 mg の Boc–D–Cys を 200 μL のメタノールに溶かしたもの）を加え，25℃ で 2 分間反応させ，その 10 μL を HPLC に注入する.

【測定条件】分離カラム：CAPCELL PAK C 18 MGII（4.6 mm×200 mm，粒径 5 μm，大阪ソーダ）.

溶離液：A 5% アセトニトリル含有 0.1 M 酢酸ナトリウム緩衝液，B 45% アセトニトリル含有 0.1 M 酢酸ナトリウム緩衝液，C 85% アセトニトリル水溶液.

グラジエント溶離：0–90 min 100% A→25% A，75% B，90–120 min 100% C，120–150 min 100% A

流速：1.5 mL/min

カラム温度：40℃

蛍光検出：励起 344 nm

蛍光 443 nm

注入量：10 μL

【ピーク】アスパラギン酸（Asp），セリン（Ser），アラニン（Ala）の各 D–体，L–体.

【結果】Asp，Ser，Ala の%D 値（D–体と L–体の総量に占める D–体の割合（%））はそれぞれ 21.5%，6.8%，22.9% であり，日本の大手メーカーにより製造された米酢から は各アミノ酸の D–体はごくわずかしか検出されなかった. 本分析法ではジアステレオマー誘導体化により，いずれのアミノ酸も D–体が L–体より先に溶出される. これにより多量に共存する L–体の影響を受けることなく D–体の高感度かつ正確な定量が可能であった.

【出典】Furusho, A., Obromsuk, M., Akita, T., Mita, M., Nagano, M., Rojsitthisak, P., Hamase, K.：*Chromatography*, **41**, 147（2020）

分析例 A.12 同位体デコンボリューションを用いた内分泌かく乱物質の
HPLC-タンデム質量分析

内分泌かく乱物質は本来生体内に存在しない外因性の化学物質であり，受容体と結合することで正常な内分泌系の働きに悪影響を与えることが問題視されている．そのため，環境中の内分泌かく乱物質を正確に測定する手法が求められており，タンデム質量分析計とHPLC分離を用いることで定量を実現した．

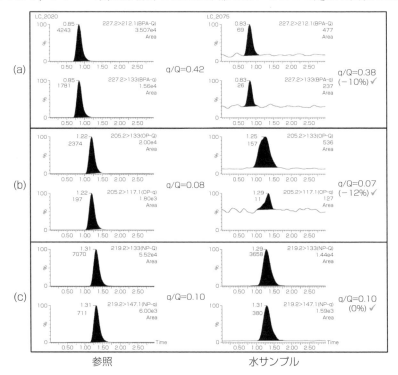

図 A.13　液体クロマトグラフィー質量分析および水サンプル中の同位体デコンボリューションによる選択された内分泌かく乱物質の測定のための方法開発と検証．2つの抽出手法の比較．

【測定条件】
分離カラム：Acquity UPLC HSS T 3 column（1.8 mm, 2.1 mm×100 mm（i.d.）（Waters）
溶離液：97% methanol-water with 0.01% ammonia.
流速：分析　0.3 mL/min
検出：a TQD（triple quadrupole）mass spectrometer
【出典】Neus, F. C., Jorge, P. T., Juan, V. C., Maria, I., Antoni Francesc, R. N. V.: *Anal. Methods*, 8, 2895–2903（2016）

・ 分析例 A.13 ─LCMS を用いた PPCP の一斉分析────────────────●

　近年，医薬品や化粧品など身体ケア製品由来の化学物質（Pharmaceuticals and Personal Care Products：PPCPs）が水環境中で検出され，新たな環境汚染物質として注目されている．これらは生活の中で大量に消費され，環境に排出されるため，恒常的なモニタリングが必要であり，HPLC と質量分析計を用いた方法で，数十種類の PPCP 物質の定量的な検出に成功した．

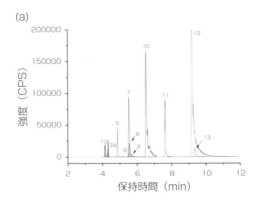

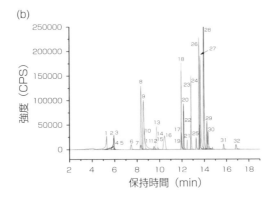

| 図 A.14 | マトリックス固相分散および液体クロマトグラフィータンデム質量分析（LC–MS/MS）による沈渣中の 45 の医薬品とパーソナルケア製品の同時分析 |

【測定条件】
分離カラム：Kinetex C18 column（100 mm×4.6 mm（i.d.））（Phenomenex）
溶離液：ESI ネガティブモード：A 5 mM 酢酸アンモニウム水溶液　B メタノール
グラジエント条件：ESI ポジティブモード：A 0.1% ギ酸水溶液，B メタノール（グラジエント条件は下表参照）
流速：分析　0.5 mL/min
検出：a TQD（triple quadrupole）mass spectrometer
【ピーク】（a）ネガティブモード．1：メチルパラベン，2：クロフィブリン酸，3：ナプロキセン，4：ケトプロフェン，5：フェノプロフェン，6：ジクロフェナク，7：プロピルパラベン，8：ビスフェノール A,9：イブプロフェン，10：ベンジルパラベン，11：ゲンフィブロジル，12：トリクロカルバン，13：トリクロサン
（b）ポジティブモード．1：ソタロール，2：アテノロール，3：アセトアミノフェン，4：コデイン，5：スルファメラジン，6：メトプロロール，7：ピレンゼピン，8：スルファメーター，9：テトラサイクリン，10：チアベンダゾール，11：オキシテトラサイクリン，12：オフロキサシン，13：スルファメトキサゾール，14：クレンブテロール，15：アンチピリン，16：サラフロキサシン，17：スルファジメトキシン，18：エテンザミド，19：アセトフェノン，20：プロプラノロール，21：シルデナフィル，22：フルオキセチン，23：カルバマゼピン，24：プロピフェナゾン，25：クロタミトン，26：カンファー，27：ミコナゾール，28：ジアゼパム，29：ロラタジン，30：インドメタシン，31：ベンゾフェノン-3，32：オクトクリレン
【出典】Mingyue, L., Qian, S., Yan, L., Min, L., Lifeng, L., Yang, W., Muhammad, A., Changping, Y.：*Anal. Bioanal. Chem.*, 408, 4953-4964（2016）

ESI ネガティブモード		ESI ポジティブモード	
時間（min）	B（%）	時間（min）	B（%）
0.0	25.0	0.0	5.0
1.0	25.0	3.0	10.0
5.0	80.0	6.0	28.0
10.0	80.0	10.0	80.0
10.2	25.0	15.0	80.0
13.0	25.0	15.2	5.0
--------------	--------------	18.0	5.0

酸化亜鉛ナノフレーク被覆ニッケル／チタン合金による
ポリ塩素化ビフェニルの濃縮と HPLC 分析

　ポリ塩素化ビフェニル（PCB）は，人工的に作られた主に油状の化学物質
で，主に電気機器の絶縁油として使用されていたが，その毒性のために現在は
製造・輸入ともに禁止されている．微量でも毒性を示すことから，正確な分析
法が求められているが，新規金属酸化物による濃縮と HPLC 分析によって，
高感度な分析が可能になった．

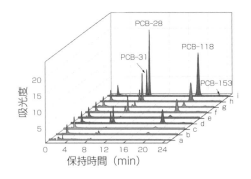

図 A.15 ポリ塩化ビフェニルと多環芳香族炭化水素の固相マイクロ抽出用の酸化亜
鉛ナノフレーク被覆ニッケル／チタン合金の配向

【測定条件】
分離カラム：Agilent Zorbax SB–C18 column（150 mm×4.6 mm, 5 µm）
溶離液：A 水　B メタノール　90% B
流速：分析　1.0 mL/min
検出：UV 254 nm，254 nm，280 nm，282 nm.
【出典】Jiajian, D., Huiju, W., Rong, Z., Xuemei, W., Xinzhen, D., Xiaoquan Lu, L.: *Microchimica Acta*, **185**, 441（2018）

分析例 A.15 自動濃縮装置を用いた河川中微量 PAH の一斉分析

　一般的に，多環式芳香族炭化水素（PAH）は微量であっても人体に対して毒性を示すことが知られており，環境中におけるモニタリングが求められている．一方で，環境中の PAH はきわめて微量であり，HPLC を用いた直接的な定量は困難である．本研究では，自動濃縮装置を導入した HPLC を用いることで，15 種類の PAH の一斉定量分析を実現した．

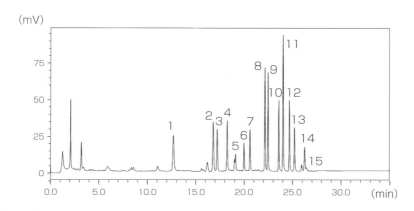

| **図 A. 16** | 自動前処理 HPLC による河川水中の多環芳香族炭化水素の微量レベル測定 |

【測定条件】分離カラム：Pinacle II（250 mm×4.6 mm I. D., Resteck, Bellefonte, PA, USA），前処理カラム MASK-ENV（30 mm×4.0 mm I. D., Chemcoplus, Osaka, Japan）
溶離液：A 水　B アセトニトリル　グラジエント溶離：0-14 min 40% B→60% B, 14-22 min 60% B→100% B, 22 to 36 min 100% B
流速：分析　1.0 mL/min，前処理　1.5 mL/min
検出：蛍光（励起／蛍光）0 to 17.5 min（270/330 nm），17.5 min to 19.5 min（250/370 nm），19.5 to 21 min（270/390 nm），21 to 23 min（290/430 nm），23 to 25.5（370/460 nm），25.5 to 28 min（270/330 nm）．
【出典】Watabe, Y., Kubo, T., Tanigawa, T., Hayakawa, Y., Otsuka, K., Hosoya, K. : *J. Sep. Sci.*, **36**, 1128-1134（2013）

1. ナフタレン

2. アセナフテン

3. フルオレン

4. フェナントレン

5. アントラセン

6. フルオランテン

7. ピレン

8. ベンゾ[a]アントラセン

9. クリセン

10. ベンゾ[b]フルオランテン

11. ベンゾ[k]フルオランテン

12. ベンゾ[a]ピレン

13. ジベンゾ[a,h]アントラセン

14. ベンゾ[g,h,i]ペリレン

15. インデノ[1,2,3-cd]ピレン

図 A. 17　多環式芳香族炭化水素（PAH）

分析例 A.16 ゴルフ場で使用される農薬の分析

　水質の汚濁は人の健康や生態系に有害な影響を及ぼすおそれがあるため，監視と防止が重要である．ここでは，ゴルフ場で使用される 13 成分の農薬の分離条件を示す．

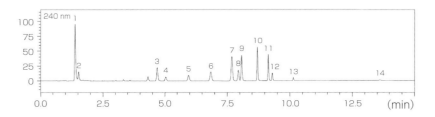

図 A.18　ゴルフ場で使用される 13 種類の農薬混合標準液のクロマトグラム

【測定条件】
分離カラム：Phenomenex Luna 2.5 μm C18(2)–HST（3.0 mm i.d.×100 mm，粒径 2.5 μm）
移動相：A　50 mM リン酸ナトリウム緩衝液（pH 3.1），B　50 mM リン酸ナトリウム緩衝液（pH 3.1）／アセトニトリル＝20/80（v/v）．
グラジエント溶離：0–0.85 min 25% B，0.85–1.7 min 25% B→45% B，1.7–3.4 min 45%B，3.4–6.4 min 45% B→50% B，6.4–10.0 min 50% B→100% B，10.0–16.0 min 100%B．
流速：0.8 mL/min
カラム温度：40℃
UV 検出：240 nm
注入量：4 μL
【標準溶液の調製】オキシン銅を除く各農薬標準品 10 mg にアセトニトリルを 10 mL 加えて，各農薬の標準原液（1000 mg/L）を調製した．オキシン銅は 0.1 mol/L 塩酸 6 mL で溶解後，アセトニトリル 4 mL を加えて調製した．10 mL 容のメスフラスコに各標準原液を 200 μL ずつ加え，精製水で定容して 13 成分の混合標準液（20 mg/L）を調製した．
【ピーク】1：オキシン銅，2：アシュラム，3：トリクロピル，4：チウラム，5：メコプロップ，6：フラザスルフロン，7：シデュロン A*，8：シデュロン B*，9：ハロスルフロンメチル，10：アゾキシストロビン，11：イソキサベン，12：イプロジオン，13：ベンスライド，14：エトフェンプロックス
＊シデュロンは本測定条件では 2 本のピークとして検出
【出典】Shimadzu Prominence UFLC Application data sheet No. 37（2008 年 3 月発行）

Appendix

　ドデシル（ラウリル）硫酸ナトリウム（SDS）に代表される陰イオン性界面活性剤は，幅広く用いられている物質である．陰イオン界面活性剤には，SDSのようなアルキル硫酸塩の他にも，そのエポキシ部位を有する界面活性剤も存在する．これらの陰イオン界面活性の混合物を LC-タンデム質量分析計（MS/MS）で分析を行った．ラウリル硫酸型界面活性剤とラウリルエポキシ硫酸型界面活性剤は両者ともに，コリジョンにより m/z 97 のフラグメントイオンを生じる．プレカーサーイオンスキャンを行うことで，親イオンの分子量がわかり，その値から界面活性剤種が同定されている．図中のすべてのピークは，MS/MS 分析における m/z 97 のフラグメントイオンで記録されているが，例えば 2 分付近のピークは親イオンの分子量が 265 であることがプレカーサーイオンスキャンで明らかとなり，これは $C_{12}SO_4^-$（SDS）に相当する．m/z 97 のフラグメントイオンでマスクロマトグラムを描くことで高感度分析が可能となっている．

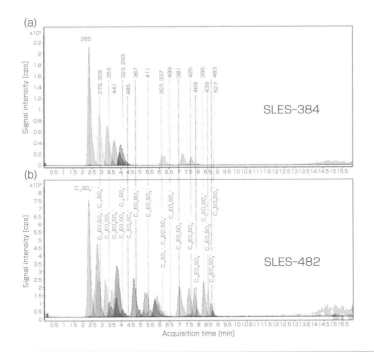

図 A. 19 異なる界面活性剤である（a）SLES-384，（b）SELC-482 の LC-MS/MS による分析結果．プレカーサーイオンの *m/z* が（a）に記載されており，それに対応する界面活性剤種が（b）に記載されている．

【測定条件】分離カラム：Aeris Widepore C4 column（2.6 mm×150 mm，粒径3.6 µm，Phenomenex）.
溶離液：A：0.15% ギ酸水溶液，B：アセトニトリル.
グラジエント溶離：0–1 min 40% B，1–8 min 40% B→95% B，8–11 min 95% B，11–16 min 95% B→40% B.
流速：0.2 mL/min,
カラム温度：45℃.
検出：MS/MS プレカーサーイオン（図中に記載）→*m/z* 97.
試料：Milli Q に溶かした界面活性剤混合物を 0.45 µm のフィルターでろ過
【出典】Pawlak, K., Wojciechowski, K.：*J. Chromatogr. A*, **1653**, 462421（2021）

サイズ排除クロマトグラフィーによる腐植酸分析における
移動相塩濃度の影響

　腐植酸（HA）は複雑多様な化学構造を有する土壌有機物の主成分であり，そのキャラクタリゼーションのため SEC による分子量測定が行なわれる．HA のような多様な官能基を有する化合物では，固定相との相互作用に注意を払う必要がある．HA は土壌からアルカリ性溶液で抽出したのちに，酸性溶液で沈殿として回収される赤褐色または黒褐色の物質である．HA の SEC 分離において，移動相への NaCl 添加により，ピークの溶出時間が遅れることから，塩未添加条件では強い排除効果が働いており，それが塩添加により抑制されていることがわかる．兵庫県で採取された異なる土壌である褐色森林土（Nagamine，NG）と黒ボク土（Kuju，KJ）から採取された HA において塩添加物の影響が異なることが示されている．

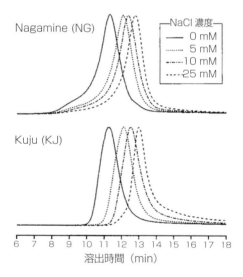

図 A. 20　移動相への塩添加により変化する腐植酸の SEC クロマトグラム

【測定条件】分離カラム：OHpak SB-805 HQ（8.0×300 mm，粒径 13 μm，Shodex）
移動相：30% アセトニトリル含有 2 mM リン酸緩衝溶液（pH 8.0）に 0〜25 mM の NaCl を添加.
流速：0.8 mL/min.　検出：UV 260 nm.　カラム温度：40℃.
【出典】Asakawa, D., Kiyota, T., Yanagi, Y., Fujitake, N.：*Anal. Sci.*, **24**, 607–613（2008）

5. 材料

　合成高分子分析にはサイズ排除クロマトグラフィーよる分子量（分子サイズ）に基づく分離が汎用されているが，これに加えて高分子の組成や構造の違いによる分離も行われる．複数のポリマー種の混合物の分離にはグラジエント溶離による HPLC が有効である．良溶媒に溶解した高分子化合物を含む試料溶液を，貧溶媒で満たしたカラムに注入し，その後，良溶媒へ変化させることで，構造が類似したアクリル系高分子ブレンド試料がポリマーの種類別に，ポリメタクリル酸エチル（d）とポリメタクリル酸ブチル（e）を除き，完全分離することに成功している．これらのポリマーは，それぞれ幅広い分子量分布を持つ試料成分であるが，図に示すように鋭いピークとして溶出されており，分子量に依存しないポリマーの種類別分離が達成されていることがわかる．

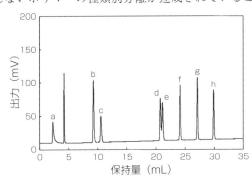

図 A. 21　**2 種類のアクリレート系ポリマーと 6 種類のメタクリレート系ポリマーブレンドの分離例**

【測定条件】分離カラム：TSKgel ODS-100 V（4.6×150 mm，粒径 3 µm，東ソー）．移動相：A：アセトニトリル，B：THF．グラジエント溶離：0–30 min 0% B→100% B．流速：1 mL/min．検出：蒸発光散乱検出．カラム温度：40℃．試料注入量 20 µL．
【ピーク】a：ポリアクリル酸メチル，b：ポリメタクリル酸メチル，c：ポリアクリル酸エチル，d：ポリメタクリル酸エチル，e：ポリメタクリル酸ブチル，f：ポリメタクリル酸シクロヘキシル，g：ポリメタクリル酸エチルヘキシル，h：ポリメタクリル酸ラウリル
【出典】香川信之：色材協会誌，**88**，137–142（2015）

分析例 A.20 — SEC による光分解性ポリマーの分析

　サイズ排除クロマトグラフィーはポリマーの分解挙動の解析にも用いることができる．光分解性分岐鎖ポリスチレンが光照射により，低分子量成分へと分解してゆく様子を SEC 分析により追跡した例を紹介する．光分解性の架橋剤を導入した分岐鎖ポリエチレンに対して，水銀ランプで光照射を行ったところ，照射時間の増大に伴い分子量が低下していく様子が明確に観測されている．

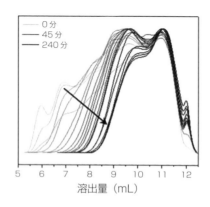

| 図 A. 22 | 光照射により分解・低分子量化していく光分解性ポリスチレン |

【測定条件】分離カラム：SDV linear M（8.0×300 mm，粒径 5 μm，PSS）．
移動相：THF
流速：1 mL/min
検出：RI
カラム温度：40℃
【出典】Eckardt, O., Seupel, S., Festag, G., Gottschaldt, M., Schacher, F. H.：*Polym. Chem.*, **10**, 593–602（2019）

索　引

［著者紹介］

梅村 知也（うめむら ともなり） Chapter 1, Appendix
1999 年　名古屋大学大学院工学研究科物質制御工学専攻博士課程修了
現　在　東京薬科大学　教授，博士（工学）
専　門　分析化学

北川 慎也（きたがわ しんや） Chapter 2, Appendix
1993 年　名古屋工業大学工学部応用化学科卒業
現　在　名古屋工業大学　教授，博士（工学）
専　門　分離分析，質量分析

久保 拓也（くぼ たくや） Chapter 3, Appendix
2004 年　京都工芸繊維大学大学院工芸科学研究科機能科学専攻博士後期課程修了
現　在　京都大学大学院工学研究科　准教授，博士（工学）
専　門　分離化学，分子認識化学，クロマトグラフィー

轟木 堅一郎（とどろき けんいちろう） Chapter 4, Appendix
2001 年　九州大学大学院薬学研究院博士後期課程満期退学
現　在　静岡県立大学薬学部　教授，博士（薬学）
専　門　分析化学

分析化学実技シリーズ
機器分析編 8
液体クロマトグラフィー

Experts Series for Analytical Chemistry
Instrumentation Analysis : Vol.8
Liquid Chromatography

2022 年 11 月 30 日 初版 1 刷発行

編　集　（公社）日本分析化学会　©2022

発行者　南條光章

発行所　共立出版株式会社
〒112-0006
東京都文京区小日向 4-6-19
電話　03-3947-2511（代表）
振替口座 00110-2-57035
www.kyoritsu-pub.co.jp

印　刷　藤原印刷
製　本

検印廃止
NDC 433.45
ISBN 978-4-320-14100-1

一般社団法人
自然科学書協会
会員

Printed in Japan

分析化学実技シリーズ

分析化学 実技シリーズ 機器分析編・1 吸光・蛍光分析

(公社)日本分析化学会編／編集委員：原口紘炁(委員長)
石田英之・大谷 肇・鈴木孝治・関 宏子・平田岳史・吉村悦郎・渡會 仁

本シリーズは，若い世代の分析技術の伝承と普及を目的とし「わかりやすい」「役に立つ」「おもしろい」を編集方針としている。初学者に敬遠される原理は簡潔にまとめ，実技に重きをおいてやさしく解説する。『機器分析編』では個別の機器分析法についての体系的な記述，『応用分析編』では分析対象・分析試料への総合的解析手法及び実験データに関する平易な解説をしている。

各巻：A5判・並製
104～288頁
税込価格

【機器分析編】

❶吸光・蛍光分析
井村・菊地・平山・森田・渡會著・・・・・・定価3,190円

❷赤外・ラマン分光分析
長谷川 健・尾崎幸洋著・・・・・・・・・・・・定価3,190円

❸NMR
田代 充・加藤敏代著・・・・・・・・・・・・・・・・定価3,190円

❹ICP発光分析 千葉・沖野・宮原・大橋・成川・
藤森・野呂著・・・・・・・・・・・・・・・・定価3,190円

❺原子吸光分析
太田清久・金子 聡著・・・・・・・・・・・・・・・定価3,190円

❻蛍光X線分析
河合 潤著・・・・・・・・・・・・・・・・・・・・定価2,750円

❼ガスクロマトグラフィー
内山一美・小森享一著・・・・・・・・・・・定価3,190円

❽液体クロマトグラフィー
梅村・北川・久保・轟木著・・・・・・・・・定価3,190円

❾イオンクロマトグラフィー
及川紀久雄・川田邦明・鈴木和将著・・・定価2,750円

❿フローインジェクション分析
本水昌二・小熊幸一・酒井忠雄著・・・・・定価3,190円

⓫電気泳動分析
北川文彦・大塚浩二著・・・・・・・・・・・・・・定価3,190円

⓬電気化学分析
木原壯林・加納健司著・・・・・・・・・・・・・・定価3,190円

⓭熱分析
齋藤一弥・森川淳子著・・・・・・・・・・・・・・定価3,190円

⓮電子顕微鏡分析
・・・・・・・・・・・・・・・・・・・・・・・・・・続 刊

⓯走査型プローブ顕微鏡
淺川 雅・岡嶋孝治・大西 洋著・・・・・・定価2,750円

⓰有機質量分析
山口健太郎著・・・・・・・・・・・・・・・・・・定価2,970円

⓱誘導結合プラズマ質量分析
田尾・飯田・稲垣・高橋・中里著・・・・・定価3,190円

⓲バイオイメージング
小澤岳昌著・・・・・・・・・・・・・・・・・・・・定価2,970円

⓳マイクロ流体分析 渡慶次・真栄城・佐藤(記)
佐藤(香)・火原・石田著・・・・・・・・・・・定価3,190円

⓴レーザーアブレーション
・・・・・・・・・・・・・・・・・・・・・・・・・・続 刊

【応用分析編】

❶表面分析
石田・吉川・中川・宮田・加連・萬著・・・定価3,190円

❷化学センサ・バイオセンサ
矢嶋摂子・長岡 勉・椎木 弘著・・・・・定価3,190円

❸有機構造解析
関(宏)・石田・関(達)・前橋著・・・・・・・定価3,190円

❹高分子分析
大谷・佐藤・高山・松田・後藤著・・・・・定価3,190円

❺食品分析
中澤裕之・堀江正一・井部明広著・・・・・定価2,970円

❻環境分析 角田・上本・本多・石井・川田・藤森・
小島・竹中著・・・・・・・・・・・・・・・・・定価3,190円

❼文化財分析
早川泰弘・高妻洋成著・・・・・・・・・・・・・・定価2,750円

❽ナノ粒子計測 一村・飯島・山口・叶井・白川部・
伊藤・藤本著・・・・・・・・・・・・・・・・・・定価3,190円

放射光分析
・・・・・・・・・・・・・・・・・・・・・・・・・・続 刊

放射能計測
・・・・・・・・・・・・・・・・・・・・・・・・・・続 刊

※価格，続刊の書名は
予告なく変更される場合がございます

共立出版

www.kyoritsu-pub.co.jp
https://www.facebook.com/kyoritsu.pub